城市综合管廊建设与管理系列指南

城市综合管廊运行与维护指南

丛书主编　胥　东
本书主编　胥　东

中国建筑工业出版社

图书在版编目（CIP）数据

城市综合管廊运行与维护指南 / 胥东本书主编. — 北京：中国建筑工业出版社，2018.3

（城市综合管廊建设与管理系列指南 / 胥东丛书主编）

ISBN 978-7-112-21565-2

Ⅰ. ①城… Ⅱ. ①胥… Ⅲ. ①市政工程 — 地下管道 — 运行 — 指南②市政工程 — 地下管道 — 维修 — 指南 Ⅳ. ① TU990.3-62

中国版本图书馆CIP数据核字（2017）第292959号

综合管廊是根据规划要求将多种市政公用管线集中敷设在一个地下市政公用隧道空间内的现代化、集约化的城市公用基础设施。

本套指南共6册，分别为《城市综合管廊工程设计指南》、《城市综合管廊工程施工技术指南》、《城市综合管廊运行与维护指南》、《装配式综合管廊工程应用指南》、《城市综合管廊智能化应用指南》和《城市综合管廊经营管理指南》，本套指南的发行对规范我国综合管廊投资建设、运行维护、智能化应用及经营管理等行为，提升规划建设管理水平，高起点、高标准地推进综合管廊的规划、设计、施工、经营等一系列的建设工作和管廊全生命周期管理，具有非常重要的引导和支撑保障作用。

责任编辑：赵晓菲　朱晓瑜
版式设计：京点制版
责任校对：李欣慰

城市综合管廊建设与管理系列指南
城市综合管廊运行与维护指南
丛书主编　胥　东
本书主编　胥　东
*
中国建筑工业出版社出版、发行（北京海淀三里河路9号）
各地新华书店、建筑书店经销
北京京点图文设计有限公司制版
北京市安泰印刷厂印刷
*
开本：787×1092毫米　1/16　印张：9¼　字数：166千字
2018年1月第一版　2018年1月第一次印刷
定价：42.00元
ISBN 978-7-112-21565-2
（31227）

指南（系列）编委会

本指南编写组

丛书前言

城市综合管廊是根据规划要求将多种市政公用管线集中敷设在一个地下市政公用隧道空间内的现代化、集约化的城市公用基础设施。城市综合管廊建设是 21 世纪城市现代化建设的热点和衡量城市建设现代化水平的标志之一，其作为城市地下空间的重要组成部分，已经引起了党和国家的高度重视。近几年，国家及地方相继出台了支持城市综合管廊建设的政策法规，并先后设立了 25 个国家级城市管廊试点，对推动综合管廊建设有重要的积极作用。

城市综合管廊作为重要民生工程，可以将通信、电力、排水等各种管线集中敷设，将传统的“平面错开式布置”转变为“立体集中式布置”，大大增加地下空间利用效率，做到与地下空间的有机结合。城市综合管廊不仅可以逐步消除“马路拉链”、“空中蜘蛛网”等问题，用好地下空间资源，提高城市综合承载能力，满足民生之需，而且可以带动有效投资、增加公共产品供给，提升新型城镇化发展质量，打造经济发展新动力。

本套指南共 6 册，分别为《城市综合管廊工程设计指南》、《城市综合管廊工程施工技术指南》、《城市综合管廊运行与维护指南》、《装配式综合管廊工程应用指南》、《城市综合管廊智能化应用指南》和《城市综合管廊经营管理指南》，本套指南的发行对规范我国综合管廊投资建设、运行维护、智能化应用及经营管理等行为，提升规划建设管理水平，高起点、高标准地推进综合管廊的规划、设计、施工、经营等一系列的建设工作和管廊全生命周期管理，具有非常重要的引导和支撑保障作用。

本套指南在编写过程中，虽然经过反复推敲、深入研究，但内容在专业上仍不够全面，难免有疏漏之处，恳请广大读者提出宝贵意见。

本书前言

为贯彻落实国家关于推进城市综合管廊建设的有关文件及精神，指导城市综合管廊运行与维护，提高城市综合管廊运行维护质量，使城市综合管廊设施处于良好技术状态，延长其使用寿命，编制本指南。

本指南适用于城市综合管廊运行与维护。

本指南主要包括运行管理、主体结构维护、附属设施维护、应急管理、档案管理、运行维护评价等内容。

城市综合管廊运行与维护除可参照本指南外，尚应符合国家、地方现行相关的法规和标准的规定。

本指南由杭州市城市建设发展集团有限公司的胥东主编，沈勇、金兴平、莫海岗、宋伟、宋晓平、闻军能副主编，成员为温晨鹰、曹献稳、刘敬亮、胡益平、陈伟浩、苏文建。本指南在编写过程中，参考了相关作者的著作，在此特向他们一并表示谢意。

本指南中难免有疏漏和不足之处，敬请专家和读者批评、指正。

目 录

第1章 概述

1.1 综合管廊安全运行概念

综合管廊是指在城市道路、厂区等地下建造的一个隧道空间，将电力、通信、燃气、给水、热力、排水等市政公用管线集中敷设在同一个构筑物内，并通过设置专门的吊装口、通风口、检修口和监测系统保证其正常运营，实施市政公用管线的“统一规划、统一建设、统一管理”，以做到城市道路综合管廊的综合开发利用和市政公用管线的集约化建设和管理，避免城市道路产生“拉链路”。

综合管廊在日本称之为“共同沟”，在我国台湾地区称之为“共同管道”，在我国大陆地区多称之为“共同沟、共同管道、综合管沟、综合管廊”。

综合管廊于19世纪发源于欧洲，最早是在圆形排水管道内装设自来水、通信等管道。早期的综合管廊由于多种管线共处一室，且缺乏安全检测设备，容易发生意外，因此综合管廊的发展受到很大的限制。

法国巴黎于1832年霍乱大流行后，隔年市区内兴建庞大下水道系统，同时兴建综合管廊系统，综合管廊内设有自来水管、通信管道、压缩空气管道、交通信号电缆等。

随着城市建设的不断发展，我国综合管廊建设也在不断发展。1958年，北京市在天安门广场敷设了一条1076m长的综合管廊。此后在上海市宝钢建设过程中，采用日本先进的建设理念，建造了长达数十公里的工业生产专用综合管廊系统。

进入21世纪之后，在我国新城镇的开发建设过程中，全国各地开始将综合管廊作为重要的市政配套工程进行建设与示范。先后在上海、北京、天津、重庆、广州、深圳、佛山、大连、青岛、宁波、厦门、无锡、苏州、沈阳等地，建设了一大批综合管廊示范工程。

综合管廊工程是重要的生命线工程，其安全运行在一定程度上影响到一个城市的安全运行与功能保障。大量综合管廊工程建设实践表明，综合管廊的结构安全性能、防淹、防火、防人为破坏等关键要素，直接影响到综合管廊的安全运行。

安全运行是综合管廊赖以生存和发展的基础，保护综合管廊在运行过程中的安全是城市最基本的需求之一。安全运行工作的好坏直接关系到城市持续、快速、健康的发展。我们必须按照相关规定，做好安全运行工作，必须正确理解安全运行的概念，充分认识安全运行的重要意义，熟悉安全运行的内容，掌握安全运行的方法和技能。

安全运行可以被理解为：采取行政的、法律的、经济的、科学技术的多方面措施，预知并控制乃至消除经营过程中的危险，减少和预防事故的发生，实现经营过程的正常运转，避免经济损失和人员伤亡。安全运行由以下3个基础部分组成，即安全管理、安全技术和职业健康。

（1）安全管理。它是将整个安全工作看作一个大的系统，并以系统工程的理论和方法研究安全运行的科学管理。其主要内容有：安全运行的方针、政策、法规、制度、规程、规范，安全运行的管理体制，安全监察理论，以及安全目标管理，危险性评价，人的安全行为管理，工伤事故的分析、预测和安全生产的宣传、教育、检查、活动等。

（2）安全技术。它是一种技术工程措施，是为了防止工伤事故，减轻笨重体力劳动而采取的技术工程措施。例如采用更完善、更安全的操作方法，以消除危险的工艺过程，用机械化、自动化代替笨重的体力劳动以及在机器设备上安设防护装置、保险装置、信号装置等，特别是计算机技术在安全防护上的应用，更是一场安全技术的革命，这些都属于安全技术的范畴。

（3）职业健康。它研究生产过程中有毒有害物质对人体的危害，从而采取相应的技术措施和组织措施。例如用通风、密闭、隔离等方法排除有毒有害物质，用无毒或低毒的物质代替有毒或高毒的物质，或者用远距离操作的方法不接触有毒有害物质等，都属于职业健康的范畴。

1.2 综合管廊安全运行意义

1.2.1 加强安全运行是综合管廊的一项基本保障

重视突发事件应急处置工作的同时，必须将关口前移，分析现代城市安全运行中的脆弱性，加强各项制度设计，建立城市安全运行的长效机制，保障综合管廊安全、平稳地运行。

现代城市不仅是政治、经济和文化中心，而且是人口、财富和各项社会活动高度密集的地方，但同时也是各类风险和突发事件最密集的地区，一旦发生突发事件，其后果往往是灾难性的，社会影响常常比较恶劣。从这个角度来看，综合管廊脆弱性就是指综合管廊系统在面临外界各种压力和干扰。综上所述，综合管廊安全运行中的脆弱性指的就是综合管廊安全运行中受到外部致灾因素影响的可能性和敏感性、外部致灾因素影响的程度及城市安全运行系统对致灾因素的抵抗力和抗逆力的一个衡量。

关于脆弱性来源分类的观点差异性很大，考虑到我国对事故灾难的管理体制和应急管理实际情况，建议把脆弱性按其来源属性分为自然、技术、社会和管理四类。根据以上观点，城市安全运行中的脆弱性主要分为自然、技术、社会和管理类。

综合管廊安全运行中的脆弱性研究有助于理解事故灾难风险的本质，强化我们对综合管廊安全运行脆弱性和风险的认识，把握综合管廊安全运行中的脆弱性及其对致灾因素的承受程度；有利于我们收集综合管廊安全运行中的信息和资料，为综合管廊安全运行风险作好预测预警工作；有利于促进综合管廊安全管理理念的转变，积极探讨综合管廊运行中脆弱性治理的措施，降低或消除风险，提高现代城市安全运行中抵御风险和防范危机的能力，保障现代城市安全平稳运行。

综合管廊工程规划、建设中，特别注重工程规划设计与公共安全设施规划同步进行，注意两者的“匹配度”。并将可能存在的脆弱性和安全风险综合考虑进去，系统地加以规划和设计，使综合管廊发展的速度与公共安全的承受度有机结合起来。唯有安全运行，才能保障综合管廊发展速度、建设的质量及公共安全承受度能协调一致，将建立“安全管廊”作为现代城市建设和管理的重要目标，实现“综合管廊让生活更美好”的愿景。

1.2.2　安全运行是发展综合管廊的必要条件

发展综合管廊，加快推进综合管廊建设，首要条件是提高安全运行能力。综合管廊的安全运行能力中人是最活跃的、起决定性的因素。安全运行需要由人去主导，必须经过人的努力才能实现。因此，发挥人的作用，充分调动建设者的积极性，对于发展综合管廊是一个十分重要的问题。我们保障和发展安全运行能力，最重要的就是保护建设者，保护他们的安全和健康。同时，搞好安全运行不仅可以直接保障综合管廊的正常运行，有利于提高综合管廊建设者的积极性，从而促进综合管廊建设的发展。反之，如果安全运行搞得不好，不注意改善运行条件，一旦发生事故，不仅建设者安全健康遭到危害，更重要的是建设者的建设积极性将受到挫伤。这样，综合管廊的发展和建设就会受到阻碍。由此可见，要发展综合管廊，必须做好安全运行工作。

为了发展综合管廊，实现安全运行是其必要条件。在综合管廊运行中，每个人勇于承担责任，工作中主动跨前一步，积极参与，认真履行自己的责任，形成综合管廊良好的工作氛围。为了保障综合管廊平稳安全运行，大家统一认识，在既定目标的指引下，综合管廊形成了任务“在一线落实、情况在一线了解、问题在一线解决、工作在一线创新、力量在一线凝聚”的工作责任机制，保证了综合管廊问题能第一时间得到发现和解决，控制了综合管廊运行中的安全问题，降低了各类突发事件的风险，确保综合管廊安全运行。

1.2.3 加强安全运行是一项基本工作原则

有的综合管廊管理单位不重视安全运行，盲目追求发展，忽视安全运行，这样的管廊管理单位，完全违背了城市综合管廊管理的基本原则。

综合管廊管理单位是要搞好安全运行，取得好的经济效益。搞安全运行本身不是目的，只是一种手段。在运行中不重视安全，不注意管廊运行中的隐患，发生事故造成了不必要的损失，以牺牲一些人的利益去换取发展，就失去了搞安全运行的目的和意义。所以，安全与运行是一致的。

综合管廊管理单位要搞好运行管理，必须重视安全运行工作。只有安全运行工作搞好了，综合管廊才能得到发展。工作环境条件好，综合管廊工作人员感到安全健康有保障，就会发挥出主人翁的精神，尽心尽职保障综合管廊安全运行，使综合管廊取得好的运行状态。如果综合管廊管理单位不注意安全运行，劳动环境条件很差，处处存在不安全、不卫生的因素，可能挫伤综合管廊工作人员的积极性。很难设想，综合管廊工作人员在威胁着自己生命安全和健康的劳动环境中工作，会创造出很高的工作效率。工作中没有安全感，整天提心吊胆，是不可能聚精会神搞好安全运行的，劳动者想方设法离开这种环境，离开这样的企业。如果不注意安全运行，发生了事故，造成人员伤亡，那后果就更为严重。因此，为了保障综合管廊安全运行，根据国家现行相关标准及规范，综合管廊管理单位的主要负责人对本单位安全运行工作应负有下列职责：

（1）建立、健全本单位安全运行责任制。

（2）组织制定本单位安全运行规章制度和操作规程。

（3）保证本单位安全运行投入的有效实施。

（4）督促、检查本单位的安全运行工作，及时清除生产安全事故隐患。

（5）组织制定并实施本单位的运行安全事故应急救援预案。

（6）及时、如实报告运行安全事故。

每一个综合管廊管理单位的负责人都必须重视安全运行，把保护劳动者的安全与健康当作自己神圣的职责和应尽的义务，切实抓好安全运行工作，切不可掉以轻心。

1.3　综合管廊安全运行原则

1.3.1　管运行必须管安全

运行必须安全，安全为了运行，安全与运行统一起来才叫作安全运行。不应把两者割裂开来。有些综合管廊管理单位却忽视了安全，使运行与安全脱节。针对这些现象，所有管运行的部门，管运行必须管安全，讲经济效益必须讲安全。安全运行是综合管廊管理单位的任务，管运行就是管安全运行，运行部门对安全运行要坚持“五同时”一把抓，在计划、布置、检查、总结、评比运行安全的时候，同时计材、布置、检查、总结、评比安全工作，切实解决运行与安全“两张皮”的问题。主要是建立安全生产责任制，健全各项安全管理制度，制订安全考核指标。更重要的是严格执行这些制度。

综合管廊管理单位必须明确安全和运行是一个有机的整体，运行工作和安全工作的计划、布置、检查、总结、评比要同时进行，决不能重运行轻安全。在保障安全运行的同时认真贯彻执行国家安全运行的法规、政策和标准。

1.3.2　加强现场管理

综合管廊的安全运行离不开设备的现场管理，加强设备现场管理，是防止设备安全事故发生的重要保证。一是保持设备清洁，良好的环境代表设备的整体风貌，一些设备受特定环境的影响，容易吸附灰尘，产生静电荷，阻碍电器元件发挥最佳控制效能，开机前对设备、控制柜清扫，以便收到最好的运行效果。二是能做到勤查勤看勤听，密切关注设备运行的任何状况，勤查指：检查电机温度；勤看指：看管廊管线走向，设备无跑冒滴漏；勤听指：听设备声音有无异响，操作者是设备的监护人，必须竭尽所能全力协调设备安全运行。三是，实施设备操作的标准化，用标准化规范操作者的执行情况，衡量操作者对设备操作的尺度，是防止各类违章、规范操作者行为的有效方法。四是，加强全过程、全方位的技术监督，建立单台设备技术档案、维修档案，形成一个有效运行的技术监督网，使各种设备信息传递灵活，通过规范的建档、检测、巡视和维护活动，及时发现和消除设备隐患，提高设备运行的可靠性，确保设备长治久安，保证稳定运行。

1.3.3 加强人本管理

人是设备运行的主导，起决定作用;操作者的积极性是设备运行的第一要素。一是营造人性化管理的氛围。设备安全管理工作严、制度细，无疑是对设备安全工作的重要方法，在制度严、细的同时，必须注重以人为本，充分调动人的积极性和能动作用。二是正确处理好管理者与操作者之间的关系。管理人员在提高自身专业知识技能的同时，须有高度重视的行为习惯，与操作人员密切配合，一致达成对设备的共同管理，管理人员在自查隐患违章的同时，正确引导，启发鼓励操作者查找设备运行中的隐患及违章，让操作者自己体会隐患、违章可能造成的严重后果，让员工感受到安全管理的重要性，增强员工守纪的自觉性。三是爱心运用基层。安全管理人员应用爱心和耐心，带着真情去认真工作，尽自己所能，为员工解决安全运行中的问题，对员工有真正被重视、被保护的感觉，关心员工的生活和工作，帮助其解决问题，以消除和缓解不安全思想因素，形成“以人为本、科学管理”的安全管理氛围。四是发挥群众监督作用。管廊设备多，工作面广，在全力调动管廊工作人员的安全监督的同时，还应该充分发挥群众的安全监督作用，这样才足以解决设备的安全运行问题，对员工提出的监督意见和建议要及时反馈，得到改进。五是制定专项安全奖励制度。对避免设备隐患、故障有功人员要给予表彰奖励，使之形成一种鼓励员工勇于提安全监督意见的风尚。

1.3.4 加大安全投入

安全投入到位，是设备安全运行不可或缺的要素。本质安全是设备自身的要件，它是设计者从根本实现对设备的安全运行的要求，使用过程中就属于我们的责任，唯有安全投入的有效实施，才能为设备安全运行提供优质服务。首先，操作者的个人防护用具必须到位。如：维修人员的各种保护用具。其次，操作者正确使用各种防护器具。第三，要加大现场安全设施、标志规范化管理工作的力度，对作业环境方面存在问题及时治理，“勿以善小而不为”，如：严格执行“停电挂牌”

制度，安全防护栏杆设立，所有设备接地牢固可靠；夜间照明灯具等都属于安全投入的范畴，我们别忽视这些细小的问题，在关键的时刻，它们都能成为综合管廊安全运行的重点。

1.4　综合管廊安全运行主要任务

1.4.1　人员安全主要任务

（1）应自觉遵守综合管廊管理单位内劳动纪律和各项规章制度，严格执行安全操作规程。

（2）熟悉和掌握设备日常维护规程，及时、认真做好设备的日常维护保养工作，确保安全运行。

（3）积极参加安全运行活动，接受安全教育，正确使用机器设备、劳动防护用品，切实做好个人安全运行工作。

（4）组织好综合管廊管理单位安全运行的教育。

（5）对于特殊工种人员必须经过专门的安全技术培训，经考核合格，领取特殊工种的操作证后，方可独立进行操作，并定期参加年审、考核及换证工作。

（6）定期检查安全防火防爆防淹等设施的工作状况。

（7）负责制定运行中的各项安全操作规程。

1.4.2　主体结构安全运行主要任务

（1）应按本指南相关规定执行。

（2）应符合国家有关标准的规定。

1.4.3　管线安全运行主要任务

（1）应有完善的综合管廊监测和警报设施。综合管廊监测要符合国家有关标准的规定；对综合管廊要进行定期调查和分析。

（2）对综合管廊构筑物要定期进行技术测定。

（3）严格监督综合管廊运行，可以有效控制综合管廊运行状态，保障管廊安全，以实现综合管廊的稳定可靠运行。

（4）在综合管廊运行过程中，对管线进行安全控制。

第2章　运行管理

2.1　运行管理机构

2.1.1　综合管廊管理单位

综合管廊管理单位是综合管廊运行、维护管理的责任主体，一般指的是综合管廊产权单位，当产权单位委托相关综合管廊管理单位行使管理职责时，便由综合管廊管理单位负责。其主要职责为：

（1）负责对建成综合管廊设施设备进行普查、登记。

（2）负责制定综合管廊养护标准和要求，有必要时可通过市场公开招标方式确定专业综合管廊管养承包单位，按照养护标准和要求对管养承包单位进行日常管理、考核和指导。对管养承包单位的管养工作进行不定期巡视检查，当发现问题时责令其及时整改，确保设施设备安全政策允许。同时，亦可制定相关考核评分表，对养护单位的工作进行评价，结果可作为结算养护经费和评价服务质量的依据。

（3）对管线迁入或迁出进行前期方案初审及参加后期施工验收。

（4）制定综合管廊应急预案，落实应急设备、物资、人员等，并定期组织管养承包单位和管线权属单位进行应急预案演练。

（5）协调综合管廊内管线权属单位的相关工作。

当综合管廊的管养由专业管养单位负责时，综合管廊管理单位还应制定相关的管养单位工作要求，一般如下：

（1）根据管养要求配备机电、消防、维修电工等专业技术人员并按要求持证上岗。

（2）建立安全生产责任制，执行安全巡查制度，做好安全保障工作。

（3）做好综合管廊附属设施的维护检修工作，保持综合管廊环境整洁、设施设备状态良好。

（4）规范管理，建立值班、巡视、维护、维修等管理制度。

（5）综合管廊内发生险情无法处理时，及时启动相应的应急预案。

（6）配合综合管廊管理单位定期进行应急演练。

（7）协助入廊管线单位巡查和维修。

此外，综合管廊管理单位还应规定管养承包单位加强对综合管廊的巡视，一旦发现在综合管廊及周边区域（一般可指红线外 20m 内）从事可能危害综合管廊安全的作业，及时向综合管廊管理单位提出书面申请，同时提交施工方案及安全保护措施，签订安全责任书，经批准后才可继续施工。

2.1.2　入廊管线单位

对权属管线入廊的单位需要负责对权属管线的迁入或迁出、巡检及维修工作进行负责。在运行管理中应履行以下职责：

（1）编制并落实综合管廊内管线的维护和巡检工作计划，并报管养承包单位进行备案。

（2）当权属管线需要迁入或迁出时，需要按照“先申请、后审批、再施工”的流程执行，在经综合管廊管理单位同意后进行下步工作。在实施迁入、迁出工作时应该严格按照相关法律、法规、标准等规定执行。

（3）制定管线安全事故应急方案，并上报至综合管廊管理单位或其他相关部门进行备案。

（4）按照综合管廊管理单位的标准和要求进行入廊。

（5）当综合管廊内管线发生故障需要紧急抢修时，管线权属单位应当及时通知综合管廊管理单位。同时综合管廊管理单位应通知其他管线单位派专人进行现场监督，直至验收合格。

2.2　管线入廊管理

2.2.1　入廊管线分析

1. 国内入廊管线实例介绍

（1）上海浦东新区张扬路综合管廊内容纳了电力电缆、通信电缆、自来水管、燃气管。

（2）济南市泉城路综合管廊内容纳了电力电缆、通信电缆、交通和有线电视电缆、自来水管、热力管线。

（3）深圳大梅沙综合管廊收纳了给水管、压力污水管、LNG 工程高压输气管及通信电缆。

（4）广州大学城综合管廊内设置了电力电缆、通信电缆、热力管、高质水管、回用水管。

（5）广州亚运城综合管廊内设置了电力电缆、通信电缆、热力管、高质水管和消防管道，并做了相应的预留。

总体来看，国内目前已有综合管廊内均将电力电缆、电信电缆、给水管线（高质水 / 回用水）、供热管线纳入，将燃气管道纳入综合管廊的工程也有工程实例，排水管线进入综合管廊的较少。

2. 管线入廊分析

（1）电力管线。目前在国内许多大中城市都建有不同规模的电力隧道和电缆沟。从技术和维护角度而言电力管线纳入综合管廊已经没有障碍。

电力管线纳入综合管廊主要需要解决的问题是通风降温及防火防灾。在工程中，一般将电力电缆单独设置为一个舱位，实际就是当电力电缆数量较多时，为其分隔成为一个电力专用隧道。通过感温电缆、自然通风辅助机械通风、防火分区及监控系统来保证电力电缆地安全运行。根据相关规范及工程实践经验，电力电缆可以与通信管线、给水管线、排水管线共舱，但是严禁与燃气管线共舱。

电力电缆必须选用具有阻燃防水功能的型号，并在安放空间上保证与其他管线有一定间距。电力电缆采用支架安装，支架长 600mm，水平间隔间距 800 ~ 1000mm，支架上下间距为 300mm，最上层电缆支架与顶板的间距应 ≥ 350mm，最下层电缆支架与底板的间距应 ≥ 150mm。支架采用玻璃钢制品，综合管廊内预留安装活动支架的立柱。电缆 3 ~ 5 孔一个支架。

（2）给水管道、中水管道。给水、中水管道传统的敷设方式为直埋，管道的材质一般为球墨铸铁管、PE 管、钢管等。由于给水或中水管线线路比较长，因而在敷设时常有埋地、平管桥或敷设在城市桥梁等多种形式。

一般情况下综合管廊内均纳入给水、中水管道。与传统的直埋方式相比，将给水、中水管道纳入综合管廊可以依靠先进的管理与维护，克服管线的漏水问题，并避免了因外界因素引起的给水、中水管道爆裂，也避免了由于管线维修而引起的交通阻塞。另外，进入综合管廊的给水、中水管道要考虑管道的检修、安装与防腐措施，以及管道配件的安装空间。

给水、中水管在综合管廊内通常采用支墩安装，为保证顺利施工和维修，除保证给水管与相邻管线或综合管廊内壁保持一定间距外，综合管廊还应保证给水管的阀门及三通、弯头等部件的足够空间。给水管应按常规设置隔离检修阀和排气阀，为快速处置暴管事故后的大流量漏水，隔离检修阀要求采用电动蝶阀并与综合管廊监控系统连接。

（3）通信管线。基于对国内管线的调查研究，电力、通信管线是最容易收到外界破坏的城市管线，在信息时代，这两种管线的破坏所引起的损失也越来越大，通信管线纳入综合管廊虽然需要解决信号干扰等技术问题，但随着光纤通信技术的普及，以及物理屏蔽措施的采用，可以避免此类问题的发生。另一方面，电力、通信管线在综合管廊内具有可变形、灵活布置、不易受综合管廊纵断面变化限制的优点，而且传统的埋没方式受维修及扩容的影响，造成挖掘道路的频率较高。因此通信管线可以进入综合管廊。

通信电缆主要应考虑电力电缆的电磁干扰，两者同室敷设应尽量分两侧敷设，若同侧敷设则应遵循通信电缆在上，电力电缆在下的原则，并保证一定间距。而近年来发展的光纤通信则可以极大地避免电力电缆的干扰，若有部分采用同轴电缆的信息管线进入，则将其置于信息缆架最靠侧壁最上层位置，以确保其与电力电缆保持足够安全距离。通信电缆按照管线单位的多少和管线的多少，设置多层，按支架安装考虑，预留安装桥架的可能性，支架长 600mm，上下间距为 300mm，间隔间距 1000mm。每家管线单位可根据线缆数量申请占用支架面积。

（4）燃气管线。目前根据我国规范规定，燃气管道允许进入综合管廊，在国外的综合管廊的工程实例中，也有将燃气管道敷纳入综合管廊，经过这些年的运行，也没有出现安全方面的事故。

燃气管线纳入综合管廊时，需要设置大量传感与监控设备及平时使用过程中的安全管理与安全维护成本高于传统直埋方式等不利因素，但其安全性有很大的提高，同时造成的损失有了极大的降低。对燃气管道传统的直埋式与纳入综合管廊进行了比较，具体见表 2-1。

燃气管道敷设方式必选　　表 2–1

	直埋	综合管廊
外界干扰	易受到开挖、维修等外界因素的干扰	不易受外界干扰
维修难易度	须进行开挖维修，难度较大	管廊内部维修，难度较小
附属配件	无其他附属配件	须增加部分传感与监控设备
安全性	燃气泄漏会造成城市火灾、人员伤亡事故	依靠监控设备，可随时掌握管线情况，发生泄漏时可立即采取措施
工程造价	仅为开挖直埋的施工费用，工程投资较小	须独立成舱，投资较大，安全管理与安全维护成本较高

经比选后可知，燃气管纳入综合管廊的成本较高，安全管理与运行维护成本高。但是燃气管纳入综合管廊可以避免后期维修过程中对道路的翻挖，而且基本不受外界环境干扰，安全性高，维护管理便捷，具有很高的社会效益和环境效益。因此，结合燃气管入沟的经济性而言，如果将燃气管道纳入综合管廊，则综合管廊至少要设置两个舱室。

（5）排水管线。排水管线分为雨水管线和污水管线两种。一般情况下，排水管线均为重力流，口径较大，并按一定的坡度埋设，埋深较深，尤其沿线两侧街坊雨水的收集，需要设置较多的收集口。关于排水管道是否纳入综合管廊中，可从工程投资、可实施性和安全性等角度进行比选，如表 2-2 所示。

排水管道敷设方式必选　　表 2–2

	直埋	综合管廊
可实施性	目前排水管道的主流施工方法，技术成熟	当道路纵坡较大时，可与综合管廊一起随道路坡度敷设；当道路纵坡不大时，由于重力管道埋深的增加，无法与综合管廊维持现对位置，无可实施性
连管、支管实施难度	连管、支管采用直埋，实施难度较小	雨水管道连管较多，实施较复杂雨污水预留支管较少，可通过井筒与主管连接
维修难易度	须进行开挖维修	排水管道与其他管道共舱时，需较大操作空间；排水管道与其他管道不共舱时，可开挖维修
附属配件	无其他附属配件	当污水管道与其他管道共舱时，须增加硫化氢、甲烷等监控设备
安全性	较安全	当污水管道与其他管道共舱时，维护人员有可能发生有毒气体中毒，有一定危险性
工程造价	仅为开挖直埋的施工费用，工程投资较小	管道口径较小时，工程投资增加不多；管道口径较大时，工程投资增加巨大

经过比选后，由于雨水管道需要与雨水口进行衔接，难以纳入综合管廊。而当道路纵坡与污水管道流向一致时，可考虑采用纳入综合管廊。而从污水管道重要性而言，当为污水支管时纳入综合管廊经济性及社会效益较差，建议对污水总管走向等与道路纵断面相一致时考虑纳入综合管廊。因此，雨水管线不纳入综合管廊。污水管道视管道重要性及所处道路特点能否满足污水管走向要求决定是否纳入综合管廊。

2.2.2　入廊管线确定原则

根据国务院办公厅印发的《关于推进城市地下综合管廊建设的指导意见》，要求已建设地下综合管廊的区域，所有管线必须入廊。另外，根据现行国家标准《城市综合管廊工程技术规范》GB 50838 以及现有工程经验，入廊管线的一般有下述规定：

（1）综合管廊内宜收纳通信管线、电力管线、给水管线、热力管线、再生水管线，综合管廊内若敷设燃气管线时，必须采取单独一个舱位敷设，并与其他舱位有效隔断，并设置有效的安全措施。

（2）综合管廊内相互无干扰的工程管线可设置在管廊的同一舱室，相互干扰的工程管线应分别设在管廊的不同舱室。

（3）热力管道、燃气管道不得同电力电缆同舱敷设。

（4）燃气管道和其他输送易燃介质管道纳入综合管廊尚应符合相应的专项技术要求。

2.2.3　入廊管线管理

1. 总体要求

（1）综合管廊内入廊管线新建、改扩建完成后，相应管线单位应会同综合管廊管理单位组织相关建设单位进行竣工验收，验收合格后，方可正式交付使用。

（2）管线单位应与综合管廊管理单位明确入廊管线的管理权限、责任、范围与义务，管线管理单位应编制入廊管线的维护计划，定期对入廊管线进行巡检，及时对到期、老化、破损等不符合安全使用条件的管线进行维修、改造或更新，并对停止运行、封存、报废的管线采取必要的安全防护措施。

（3）入廊管线单位改扩建项目应按照有关规定报建，方案应充分考虑对土建工程结构、附属设施和相邻管线运营安全及周边环境的影响，经批准方可实施，并及时组织验收。

（4）管线单位应配合综合管廊管理单位工作，需要进入综合管廊的管线单位人员应向综合管廊管理单位提出申请，并履行相应入廊管理制度，确保人员安全。

（5）管线单位应编制年度维护维修计划，同时报送综合管廊管理单位，经协调后统一安排管线的维修时间。

（6）综合管廊管理单位对廊内各管线发生渗漏、短路、过载等事故时应有技术措施准备和具体应急操作预案。

（7）应符合现行国家标准《城市综合管廊工程技术规范》第 10.1.7 条相关规定，对廊内动火作业等特殊工种进行专项审批登记和重点监控等。不得携带火种、非防爆型无线通信设备。

（8）管线独立成舱时，管线单位应制定事故抢修制度和事故上报制度；同舱内多管线单位共同管理时，管廊运维单位应协调各管线管理单位制定综合事故抢修制度和事故上报程序。

2. 机构管理

（1）入廊管线单位与综合管廊管理单位

其一，管线入廊应当遵循科学规划、协调管理、资源共享和安全运行的原则。其二，由于综合管廊入廊管线的管理、运行和维护涉及多个单位和部门，为保障综合管廊和入廊管线的正常运行，有必要建立各单位之间的联络协调机制。其三，管线单位申请办理管线入廊，应与综合管廊管理单位签订入廊协议，明确各方权利义务。一般协议包含下列内容：

1）管线权属单位规划建设的管线与综合管廊建设规划相衔接，在有综合管廊建设规划的路段，相应管线纳入综合管廊。

2）管线权属单位入廊管线的敷设，应符合相关管线入廊工程设计和技术要求，严格执行施工管理制度，做好现场管理，保证工程质量。

3）综合管廊管理单位与管线单位应建立有效的联络、协调机制。公用管线的维护、安全、技术工作应由管线单位负责，并由综合管廊管理单位统一管理。

4）其他双方达成一致的条款。

在综合管廊或入廊管线需要进行维护作业时，必须事先进行管理上、技术上的沟通、协商，以免对对方设施设备造成损害，以维系综合管廊与入廊管线相互之间存在的依赖关系。入廊管线单位提交的技术方案内容包括新接入管线的空间交叉布置要求和安全防护措施等内容，综合管廊需要作业时编制的技术方案内容包括对管线的保护措施等内容。

当管线单位废弃管线的，应及时向综合管廊管理单位报告，采取有效措施防范安全隐患，并自行清理废弃管线。管线单位拒不清理废弃管线，经综合管廊管理单位催告后仍不清理的，综合管廊管理单位可代为清理，并向入廊管线单位追偿代为清理费用。

（2）入廊管线单位之间

管线单位在管廊内进行管线变更，需要移动、改建管廊设施的，与相邻管线单位协商一致后，将符合有关技术安全标准的施工方案及图纸，报综合管廊管理单位备案。

3. 入廊管线

（1）给水、再生水管道

1）综合管廊内给水、再生水管道的维护管理需安排合理的巡检周期，通常情况下巡检周期不宜大于 15 天，对重要管段巡检周期以 7 ～ 10 天为宜，雨季期间应结合实际情况加强巡检频率；需符合现行行业标准《城镇供水管网运行、维护及安全技术规程》CJJ 207 及《城镇再生水厂运行、维护及安全技术规程》CJJ 252 的有关规定。

2）供水单位应配备专业的维修队伍及完善的快速抢修器材、机具，实行 24h 值班制，若供水管道发生漏水，应及时维修，宜在 24h 之内修复。

3）供水管道维修过程中应采取措施，防止不清洁水或异物进入管道。

（2）排水管渠

1）综合管廊内排水管渠的维护管理需安排合理的巡检周期，通常情况下巡检周期不宜大于 90 天，对重要管段巡检周期以 30 天为宜；需符合现行行业标准《城镇排水管道维护安全技术规程》CJJ 6 和《城镇排水管渠与泵站运行、维护及安全技术规程》CJJ 68 的有关规定。

2）利用综合管廊结构本体的雨水渠，每年非雨季清理疏通不应少于 2 次。

3）应重视排水管渠对综合管廊内环境卫生的影响，管廊运维管理单位应采取相关措施应对综合管廊内潮湿、有害气体对管廊运维的风险，巡视维护人员应采取防护措施，配备防护装备。

4）纳入综合管廊排水管渠的舱室内宜设置环境监测设备，通过监控及时反馈，并对有害气体的泄露进行预警，保障管廊内维修人员的安全。H_2S、CH_4 气体探测器应设置在管廊内人员出入口和通风口处。

（3）天然气管道

1）综合管廊内天然气管线的维护管理除应符合现行行业标准《城镇燃气设施运行、维护和抢修安全技术规程》CJJ 51 的有关规定外，还宜满足以下要求：

①安排合理的巡检周期，通常情况下巡检周期不宜大于 2 周；

②应根据入廊管道内天然气管道的不同压力等级及实际情况进行巡检；

③进行巡检的工作人员，应取得燃气行业从业人员相应资格证书及相应的《特种设备作业人员证》。

2）综合管廊内天然气管道应有明确的流向标志，阀门开关状态应明晰，安全附件应齐全完好。

3）人员入舱应穿戴防护用具，进行消除静电操作，确认合格。

4）综合管廊内有现场显示仪表时，巡检人员应对现场仪表的显示值与远传仪表的显示值和监控中心的数据进行对比。

5）对具有远程关闭功能的紧急切断阀，应定期检查其运行状态及可靠性。

6）天然气管线发生泄漏事故时，管线单位与管廊运维单位应建立联动机制，管线单位应按照现行行业标准《城镇燃气设施运行、维护和抢修安全技术规程》CJJ 51 要求进行抢修，综合管廊运维单位协调其他管线单位进行应急抢险配合工作。

4. 热力管道

综合管廊内热力管道的维护管理除应符合现行行业标准《城镇供热管网设计规范》CJJ 34 和《城镇供热管网结构设计规范》CJJ 105 的有关规定，还应满足以下要求：

1）热力网介质无泄漏、管道及附件防腐保温应完好。

2）热力网系统仪表应齐全、准确，安全装置必须可靠、有效。

3）阀门应灵活可靠，无漏水、漏气，泄水及排气阀门应严密。

4）补偿器运行状态正常，无变形、泄漏。

5）固定支架、卡板、滑动支架等应牢固可靠，活动支架无失稳、失垮，固定支架无变形。

6）运行的热力网每日应至少检查 1 次，新投入的热力网或当运行参数发生较大变化及汛情时，应增加检查次数。

7）停运热力网应进行湿保护，并每周检查一次。

5. 电力电缆

（1）综合管廊内电力电缆的维护管理应满足以下要求：

1）电缆线路的巡检每 10 天至少一次，综合管廊路段洪涝或暴雨过后应进行一次巡检；

2）巡检电缆线路时，应对外观、绝缘、接头、支架和系统接地等进行检查；

3）巡检人员应记录巡检线路的结果。管线单位应根据巡检情况，采取对策消除缺陷。

（2）综合管廊内电力电缆的维护管理还应符合管廊拟使用单位的相关技术规定和要求。

6. 通信线缆

综合管廊内通信线缆的维护管理除应符合现行行业标准《通信线路工程设计规范》YD 5102、《电力系统光纤通信运行管理规程》DL/T 547 的有关规定外，还应满足以下要求：

1）定期巡视，一般要求每月 3 次，及时准确掌握线路的运行状况，沿线环境变化情况。当通信设施和其他物体发生相互碰撞时做好保护措施。

2）运维人员巡视时，应对光纤配线柜、光纤配电单元、光纤固定单元和光纤接地单元进行抽检，确保光纤安装固定的稳定可靠。

3）重点通信传输设备应进行定期测试和监视。

4）通信线路与电力线路存在交叉时，通信线缆需做好绝缘保护。

5）在线路出现故障时，按照先抢通，后修复；先核心，后边缘；先网内，后网外的原则进行处理。当两个以上的故障同时发生，对重大故障予以优先处理。

2.3　运行计划

2.3.1　运行计划的意义

综合管廊集各种市政管线和设施设备于一体，运行过程较为复杂，涉及的管理部门较多。为保证综合管廊运行的安全、可靠，制定相应的运行计划是必需的。因为有了运行计划，所以综合管廊的运行工作就有了明确的目标和具体的步骤，就可以协调各单位、部门的行动，增强工作的主动性，减少盲目性，使工作有条不紊地进行。同时，运行计划本身又是对工作进度和质量的考核标准，有较强的约束和督促作用。所以运行计划对工作既有指导作用，又有推动作用。

1. 运行计划的特点

（1）预见性。这是计划最明显的特点之一。计划不是对已经形成的事实和状况的描述，而是在行动之前对行动的任务、目标、方法、措施所作出的预见性确认。但这种预想不是盲目的、空想的，而是以上级部门的规定和指示为指导，以本单位的实际条件为基础，以过去的成绩和问题为依据，对今后的发展趋势作出科学预测之后作出的。可以说，预见是否准确，决定综合管廊运行的质量。

（2）针对性。综合管廊运行计划一是根据党和国家的方针政策、上级部门的工作安排和指示精神而定，二是针对管理自身所需的工作任务、主客观条件和相应能力而定。总之，从实际出发制定出来的计划，才是有意义、有价值的计划。

（3）可行性。可行性是和预见性、针对性紧密联系在一起的，预见准确、针对性强的计划，在现实中才真正可行。如果目标定得过高、措施无力实施，这个计划就是空中楼阁；反过来说，目标定得过低，措施方法都没有预见性，实现虽然很容易，并不能因而取得有价值的成就，那也算不上有可行性。

（4）约束性。计划一经通过、批准或认定，在其所指向的范围内就具有了约束作用，在这一范围内无论是集体还是个人都必须按计划的内容开展工作和活动，不得违背和拖延。

2. 计划的性质

（1）目标性。计划工作的目的是要促使组织去实现它的目的和目标，而组织是为了完成一种使命或是为达到某种目的而存在的。计划帮助组织在它的行为过程中始终对准目标，统一协调地运转，两者相辅相成。

（2）普遍性。有两方面的含义，一是计划工作贯穿管理过程的始终，对其他管理职能也都必须加以计划。二是任何组织和任何管理层次的管理人员都必须在自己的范围内作计划。

（3）效益性。计划将可能促进目标的实现，这样，计划对组织目标的贡献所带来的巨大效益有可能远远超过计划工作本身的投入，这就是计划的效益性。

2.3.2 运行计划的内容

综合管廊的运行包括附属设施的运行和入廊管线的运行，附属设施的运行由综合管廊管理单位负责，入廊管线的运行一般由入廊管线单位负责。

一般情况下，综合管廊附属设施的运行指消防与监控报警系统、通风系统、排水系统、供电系统等的运行。

2.3.3 运行计划的编制

综合管廊管理单位应根据设施设备的整体运行情况、使用年限等编制运行计划，运行计划宜包括年度运行计划和月度运行计划。年度运行计划应包括但不限于下列内容：

（1）运行人员、资金和物资计划。

（2）运行制度和作业指导书的编制与完善计划。

（3）运行调度计划。

（4）运行信息化系统维护计划。

月度运行计划应在年度运行计划的基础上，结合上月度运行情况综合制定。

入廊管线单位的运行计划应根据单位内部管理制度，以及综合管廊管理单位的相关标准和要求进行编制。

2.4　运行过程管理

2.4.1　消防与监控报警系统

监控与报警系统是决定综合管廊是否正常运行及运管维护工作是否方便的重要因素之一，对其的运行过程管理更是重中之重。

综合管廊内的监控业务系统包含环境监测系统、火灾检测和报警系统、视频监控系统、IP 电话系统、入侵检测系统等。综合管廊监控与报警系统由管廊前端设备、通信网络、监控中心三部分组成。其中，前端设备包括布置在综合管廊内部的检测、控制及报警设施，主要负责前端现场的数据采集和控制；通信网络由光纤通信网组成，可实现综合管廊前端设备与通信中心之间的通信功能；监控中心为综合管廊监控与报警系统的业务管理和指挥中心，前端所有设备通过通信网络接入监控中心。

1. 通信网络

通信网络系统构架具有多样性，是综合管廊内部各子系统与监控中心主系统之间通信传输及信息交换的重要枢纽。以往，通信网络的设计采用主干环网结构，即在监控中心设置核心交换机，再通过光纤与廊内底层交换机连接成环。尽管这种主干环网结构较为经济，但由于目前很多综合管廊项目规模较大，任意两个节点之间的断线就会造成断点之间区段与监控中心之间的通信中断，严重影响系统的稳定性。

对于规模较大的综合管廊，通信网络可考虑采用底层区域环网 + 主干冗余点对点通信的系统结构，综合管廊按每 6 ~ 8 个防火分区（可配合电气供配电辖区考虑）组建一个底层区域光纤环网，这样就能将一段很长的通信网络分成几个较小的底层环网；每个防火分区内设置 1 套底层交换机，接入本分区内除火灾报警系统和无线对讲系统以外的设备；在每个区域环网靠近监控中心的第一个分区内，交换机通过光缆与监控中心实现主干冗余点对点光纤通信；监控中心配置 2 台核心交换机，互为热备，负责前端通信设备的接入，同时负责与中心计算机系统进行连接。

2. 廊内设备与环境量控系统

综合管廊内环境监测设备将实时检测到的管廊内温度、湿度以及各类气体数据通过通信链路传输到监控中心，中心系统对该部分数据进行存储。

中心系统对各类气体指标进行分析，当气体指标超过设定的阈值时，在中心及综合管廊内同时进行报警，禁止人员进入综合管廊，系统开启该区域防烟防火阀，启动风机设备进行排风。当天然气舱的 CH_4 含量超过设定阈值时，监控中心工作人员还需通知燃气公司燃气泄漏，燃气公司作出相应处理。

3. 火灾监测、自动报警与消防联动系统

综合管廊内部多为主干管线，担负着城市或片区正常运行的重任。一旦没有及时发现、扑灭火灾，将导致城市或片区基础设施瘫痪，使城市受到巨大的经济损失及不良的社会影响，故火灾监测、自动报警与联动灭火系统的运行过程管理是非常重要的。

（1）火灾监测系统

当发现火灾情况时，综合管廊内光纤火灾检测设备可及时感应管廊内火灾情况，将火灾发生位置、检测温度等信息即时发送至中心系统，中心系统即时联动火灾报警系统，在中心进行报警，同时在综合管廊内进行报警，火灾报警系统同时联动消防设施，启动消防响应预案。

因为综合管廊内纳入的给水排水管、通信电缆一般不燃或难燃，故以往部分工程在廊内设置感烟探测器、感温光栅等作为辅助或主要的火灾监测装置实际使用效果不佳，且廊内电力电缆均为阻燃或耐火电缆，在发生火灾并产生大量烟气时，感温装置早已动作，所以采用感烟探测器意义不大；另外在管廊内造成电缆局部升温进而引发火灾主要是因为电力线路出现相间短路、对地短路、接触不良、线路过载等问题，而感温光栅是点式感温，监测时间为循环非连续，故也不建议将感温光栅作为综合管廊内部主要的火灾探测器。所以建议采用感温光纤测温作为综合管廊火灾探测系统的首选。

火灾检测和报警控制流程如下：

1）正常情况下，火灾检测设备和火灾报警设备均处于火灾监视状态。

2）在综合管廊某处发生火灾，测温光缆测得该点温度异常，向光纤测温主机发送火灾信息。

3）光纤测温主机对火灾地点进行精确定位，通过通信链路向监控中心发送火灾信息，包括火灾发生位置、温度信息、报警信息等。

4）监控中心火灾报警控制主机接收到火灾信息，控制监控中心火灾声光报警器进行报警，在软件界面上弹窗报警，以警示监控中心工作人员。

5）系统启动预先设置好的消防自动控制预案，通过设定的联动控制逻辑对火灾报警前端设备和消防设备下达控制指令。

6）综合管廊内部的相关火灾报警控制分机通过通信链路接收到主机的控制指令，控制本设备所管辖的火灾声光报警器开启报警功能，警示管廊内部工作人员；控制相关防火分区设备启动，防火门关闭、消防设备进行灭火等。

7）当火情结束后，需开启相关防火分区防烟防火阀，启动风机设备对防火分区排烟。

8）中心系统对所有火灾检测数据、火灾报警数据进行存储和记录。

（2）火灾报警系统

在综合管廊内部进行声光报警，以警示管廊内部的工作人员，并同时在监控中心内部进行声光报警及软件弹窗报警，监控管理平台自动将监视器画面切换到发生火灾的位置并通知监控中心工作人员采取相关措施。

该系统包括设置在监控中心的火灾报警控制主机、消防控制室图形显示装置、综合管廊内的火灾报警控制分机、手动火灾报警按钮、火灾声光报警器等设备。其中，监控中心的火灾报警控制主机能接入前端所有火灾报警控制分机，监测每台分机的运行情况，当监控区域发生火灾时，系统可以采用自动模式联动控制相关设备启 / 停，并接收各种联动设备的反馈信号，监视运行状态；工作人员可结合消防控制室图形显示情况进行火灾预警、火警以及消防指挥调度工作；而管廊内部的火灾报警控制分机负责接入现场所有的火灾报警设备，接收并传递火灾报警信号，且对设备进行联动控制；手动火灾报警按钮和火灾声光报警器接入所在防火分区内的火灾报警控制分机。

各火灾报警控制分机通过专用消防通信链路与监控中心火灾报警控制主机连接，并通过光纤传输实现前端设备与监控中心的通信。

由于综合管廊内部一般需要设置固定式电话，故可与消防专用电话合用，只设置单独通信系统即可。

（3）消防联动系统

在系统自动控制状态下，一旦火灾监测设备检测到火灾发生，火灾报警系统就能够自动启动事先编制好的消防预案，联动控制相关消防设备，如切断非消防电源、启动风机进行排烟、启动灭火装置及时灭火、联动控制防火门及出/入口控制器等；在手动控制状态下，工作人员对火灾进行确认后，启动消防预案，联动控制相关消防设备，同时工作人员能够通过操作按钮启/停相关报警设备和消防设备。

灭火设备的联动触发信号由火灾报警控制器发出，灭火控制器接收火灾报警信号；关闭防护区域的风机及防烟防火阀；停止通风和空气调节系统及关闭设置在该防护区域的电动防火阀；启动灭火装置；在现场设置灭火装置的手动启动和停止按钮，手动启动按钮按下时，灭火控制器执行联动操作，手动停止按钮按下时，灭火控制器停止联动操作。

4.IP 电话与无线对讲系统

（1）IP 电话系统

综合管廊内工作人员可通过 IP 电话终端直接与监控中心工作人员进行对话，实现报警应急指挥等功能。通话数据主要通过 IP 网络在监控中心和综合管廊之间传输，监控中心能通过 IP 寻址精准定位通话点。

系统通过在每个防火分区、舱室、人员出/入口处布设的若干 IP 电话终端，通过 RJ-45 网口与各分区交换机连接，经通信链路与监控中心 IP 网络寻呼话筒连接通话。

同时 IP 电话终端带有报警按钮，报警开关量信号转换为 IP 数据进行传输。在监控中心，IP 电话系统工作站连接报警器控制盒和声光报警器直接响应前端报警信号。

（2）无线对讲系统

无线对讲系统由设置在监控中心的近端设备和设置在管廊内部的远端接入设备组成。近端设备通过光缆与远端设备连接，系统可实现监控中心与无线对讲机的通信，分机之间也可互通。

控制中心人员通过无线对讲系统与综合管廊内部持数字无线对讲机的工作人员进行实时通话，同时持数字无线对讲机的工作人员之间也可以互相对话。

5. 视频监控系统

监控中心人员通过视频监控系统对管廊内部的重要节点和设备进行实时监

控，使中心值班人员实时了解管廊内部的情况，及时获取突发状况的信息。

6. 入侵检测与无线电子巡更系统

在人员出 / 入口、投料口、进排风口等区域布设的入侵探测器在人员入侵时，应能准确及时感应，并随即进入报警状态。设备将报警状态通过 RS-485 串口输出，经串口转网口模块后生成 IP 数据，连接工业级交换机，再通过通信链路发送至监控中心的报警主机，驱动报警响应。

同时，为实现对综合管廊管理的规范化、科学化和能够及时消除隐患等功能，宜设置无线电子巡更系统，提高管廊巡检工作的规范化及科学化水平，以有效保障被巡检设施处于良好状态。

综合管廊运管人员将具有不同编码的信息钮安放于被巡检的设备或线路上，并将信息钮编码及对应安放地点存于计算机中。在巡检人员用巡更棒与该处信息钮进行接触时，该信息钮编号被读入巡更棒中，并与巡更棒内置的时钟记录时间一起构成有效的巡检数据。这些识读器内的巡检数据将由巡检人员通过计算机内的软件定期读入计算机中。

2.4.2　监控中心计算机系统

监控中心计算机系统可实现数据处理、分析和存储以及业务管理和应急指挥等功能。监控中心人员应根据需要通过计算机系统做如下工作：

（1）对监控中心的高压配电柜进行实时监控。

（2）通过中心系统对数据进行统计处理和处理生成各种统计报表，按照主管部门对综合管廊运维作业过程管理的要求，处理生成针对性的过程周报表、月度报表和季度、年度报表。

（3）对基础建设资料数据进行查询和管理。

（4）对部分系统的设备终端进行状态监测。对于存在故障或运行状态不正常的设备，应立即向管理人员和维护人员报警，并提供系统设备工作状态的查询服务。

（5）通过通信服务器接入各类业务系统上传的数据，将数据转发至对应的处理软件。

（6）对通信状态进行监测，当发生网络故障或其他通信故障时，进行日志记录，并备份存储数据，当通信恢复时，将所有临时备份数据能上传至中心系统。

（7）存储业务数据和操作数据。

2.4.3 通风系统

通风系统对于综合管廊的正常运行以及维护人员的生命安全都具有重要的意义。通风系统具有排除有毒气体，更新新鲜空气的作用，对维护作业的顺利进行以及维护人员的生命安全都有着巨大的影响。随着我国科技的进步，综合管廊内通风系统也必将更加稳定，对于系统的维护也需要不断完善和改进，这样才能够最大限度地保障系统的持续运行。

送排风机运行方式一般为自动 / 手动方式。自动方式根据运行计划表，自动控制风机的启停，运行计划表根据综合管廊管理单位的要求制定。当自控系统失灵或有特殊需要时，采取手动方式，每天由值班人员定时手动开启风机 3 ~ 4 小时，以保持综合管廊内空气的清洁。监控中心送排风机可根据设备和值班人员的需要随时开启。

送排风机运行状态及故障报警可反馈到监控中心，工作人员在监控中心可实现对风机的起停操作、运行情况的监视。对于排 / 送风机、排烟风机每月应手动点动一次，观察其运行状态是否正常，并将检查结果记录在交接班记录上。

2.4.4 排水系统

综合管廊内的排水系统主要满足排出综合管廊的渗水、管道检修放空水的要求。综合管廊自身可设置排水明沟，并在排水区间最低点设置集水坑。集水坑中的积水通过排水泵排入城市排水系统。

在综合管廊运行过程中，综合管廊巡检人员在巡检过程中应对排水沟进行检查，检查要求应满足本指南排水系统的维护要求。并对集水坑进行检查，当水位到达相关规定要求时，应开启排水泵将水排出。

2.4.5 供电系统

持续供电是保证综合管廊安全、可靠运行的重要基础之一，因此对供电系统在运行过程中的管理也是一项重要任务。

1. 确保设备长期运行

在供电过程中，必须使配电箱 / 柜、供电线等在设计要求和规范规定的条件下运行，包括运行的各项参数，都应该经常保持在运行范围内，否则将引发事故或被迫停止运行。

2. 保持健康的设备状况

对供电设备除了定期做好设备的维护工作外，还要重视设备的检修工作。任何设备在经过一段时间的运行后，必然会发生磨损、老化，甚至在内部出现一些缺陷隐患，需要经过检查修理来恢复设备的正常状况。

3. 及时处理异常运行情况

供电系统在运行过程中发生异常情况或缺陷隐患时，必须及时妥善处理，防止造成更大事故。在平时巡检过程中，巡检人员应对备用电源进行测试检查，确认综合管廊各个设施的完好。以保证其在突发情况下，如出现断电情况时，备用电源及时启动并正常运行。

2.4.6　变形监测

1. 综合管廊变形原因

综合管廊开挖引起的地层变形是一个漫长而缓慢的过程，无论是浅埋暗挖法，还是盾构法，在工程完工投入使用后，都会不同程度地发生整体下沉的现象，尤其是工程处于软土层中时下沉现象更加明显。与此同时，各种类型的管线入廊及上方荷载过重，致使综合管廊的正常使用在很大程度上与地基均匀沉降有直接关联。随着地下管线需求的增多，新工程的开挖会对既有综合管廊的受力状况产生影响，原有的受力平衡被破坏，地基应力不得不重新分布，由此也引发了综合管廊的变形。

2. 综合管廊变形监测内容

综合管廊变形不仅会影响管廊运行的稳定性，还可能对整个工程及其临近工程的结构造成影响，因此做好综合管廊变形的监测工作，对于维护综合管廊工程的安全具有实际意义，在实际的监测过程中，不同阶段的监测任务不同，综合管廊投入使用后监测的主要内容为管廊运营情况和周边建设情况。对综合管廊工程结构，同时还应对运营地区附近的地表、建筑、管线等相关情况进行实时监督，对投入使用后的变形情况进行分析，并得到使用后期间的综合管廊结构变形情况。

3. 综合管廊变形监测技术

（1）传统监测技术

传统监测技术是利用水准测量仪的检测功能对综合管廊结构的变形情况进行监测，主要对综合管廊变形区域的断面进行监测。该法在实际使用过程中存在一系列不足：

首先，该法无法使用先进的远程测量技术，在监测过程中不得不打断监测区内的管线运行；其次，综合管廊廊道空间受到限制，管线繁多复杂，给监测的安全性和监测质量造成了不利影响；最后，监测点数量受限，若设置监测点过多，不仅会增大工作量，还会延时监测周期的长度，无法准确反映出变形的真实情况；若设置监测点过少，无法根据有限的数据得到较为精准的变形趋势，这对后期的综合管廊结构的变形负荷分析是极为不利的。传统的监测技术已经无法适应现代社会的需求，新型的监测技术急需被研发使用。

（2）三维变形监测技术

三维变形监测技术也被称为激光雷达技术，该技术在实际测量时可完全摆脱人工操作，被监测物体的几何图像的排列情况由扫描棱镜中放射的激光点云中获得，通过激光的快速测距功能，建立物体的三维空间模型，当三维变形检测技术在没有发射棱镜的情况下，能以最低 10 万个点每秒的速度获得某个监测点的三维坐标。

对于这综合管廊的变形监测來说，24h 不间断监测是保障管廊结构和管线安全运行的有效手段；但管线较为密集，若能在不打断管线运行的情况下，保障测量人员的安全，同时还能保障测量结果的有效性则需要通过测量机器人的协助才能实现以上目标。测量机器人利用远程自动检测系统可对综合管廊的结构、墙壁、垂线、综合管廊路基等实施不间断监控，监控周期段，可在短时间内为工作人员提供综合管廊运行的安全状态。

2.5 安全管理

2.5.1 防淹管理

综合管廊一般敷设在城市道路下面，为典型的地下构筑物。根据综合管廊使用要求，在综合管廊顶板上部预留一定数量的通风口、吊装口、人孔等构筑物。这些构筑物由于使用功能的需要，必须同外部空间联通，这样在暴雨或洪水期间就存在道路地面水倒灌综合管廊的安全隐患，影响到综合管廊的安全运行。

一般情况下，吊装口、人孔均可以作成密闭式结构，保证地面水不会倒灌到综合管廊内。但对于通风口尤其是自然通风口，由于需要空气置换的要求，必须保证有一定的通风面积同外部联通。为了防止道路地面水倒灌，对于设置在绿化带位置的综合管廊通风口，其百叶窗的底部应高于城市防洪排涝水位以上

300mm ~ 500mm，如图 2-1 所示。

由于道路景观要求的限制，综合管廊通风口不能作成地面式而只能作成地表式时，则应在综合管廊通风口内部设置防淹门，防止地表水倒灌。

图 2-1　综合管廊通风口

2.5.2　防火管理

综合管廊内存在的潜在火源主要是电力电缆因电火花、静电、短路、电热效应等引起的火灾。另一种火源是可燃物质，如泄漏的燃气、污水管外溢的沼气等可燃气体，容易在封闭狭小的综合管廊内聚集，造成火灾隐患。由于综合管廊一般位于地下，火灾发生隐蔽，不易察觉。另外，综合管廊的环境封闭狭小、出入的人孔少，火灾扑救难。火灾时，烟雾不易散出，增加了消防员进入的难度。

综合管廊防火最主要的措施应以预防为主，通过设置合理的防火分区，把火灾事故限制在最小范围内。综合管廊内一般可每隔 100 ~ 200m 设置防火墙，形成防火分区。防火墙上设常开式甲级防火门。各类管线穿越防火墙处用不燃材料封堵，缝隙处用无机防火堵料填塞，以防止烟火穿越分区。

综合管廊内常用的灭火设施有灭火器、水喷雾灭火系统等。

（1）灭火器：综合管廊内均需设置灭火器。综合管廊为一相对封闭的无人空间，应在每个防火分区的人孔和通风口集中设置手提式灭火器，如若在检修巡视时发生火灾工况，要及时扑灭火灾。

（2）水喷雾系统：①设置场所：敷设电缆、光缆的综合管廊宜设置水喷雾系统，水喷雾系统的设置标准为防护冷却。②水喷雾系统的布置：水喷雾宜按综合管廊的防火分区分组设置，每组水喷雾系统内设置的喷头数量按将保护区域全覆盖确定，系统水量由室外消火栓或消防泵房供给，每个防火分区内的水喷雾喷头宜同时作用。水喷雾系统在每组雨淋阀前宜为湿式系统。一般来说，湿式系统可靠性高，灭火系统响应时间快，但因雨淋阀前的管道内充满压力水，故日常管道的维修保养要求较高。而干式系统管道内一般无水，其维修保养方便，但灭火系统响应时间相对较长。如要减少响应时间，则水泵接合器与室外消火栓设置数量相应增加。在长度较长或电缆、光缆敷设较多的综合管廊内宜采用湿式系统。

（3）其他灭火设施：敷设电缆、光缆的综合管廊，可采用脉冲干粉自动灭火装置。该装置不需要喷头、管网、阀门和缆式线型感温报警系统等繁多的设施，安装简单。

由于综合管廊在施工和检修、维护时有人员进出，特别是布置有易燃气体的管道，为确保人身安全和管线运行安全，抗电磁干扰能力强。火灾自动报警系统作为独立的系统，以通信接口形式与中央计算机建立数据通信，并在显示终端上显示火灾报警及消防联动状态。

2.5.3 防人为破坏管理

我国的综合管廊大多建造在新城区，新城区处于建设阶段，相对人员较少，由于综合管廊内部有大量的电缆和金属物，人为盗窃造成综合管廊安全运行事故时有发生，在综合管廊的管理及运行方面，需要有强有力的管理机构进行协调、管理。

综合管廊管理单位应保持综合管廊内的整洁和通风良好；搞好安全监控和巡查等安全保障；配合和协助管线单位的巡查、养护和维修；负责综合管廊内共用设施设备养护和维修，保证设施设备正常运转；综合管廊内发生险情时，采取紧急措施并及时通知管线单位进行抢修；制定综合管廊应急预案。

综合管廊的管线单位应当对管线使用和维护严格执行相关安全技术规程；建立管线定期巡查记录；编制实施综合管廊管线维护和巡检计划；在综合管廊内实施明火作业的，应当严格执行消防要求，并制定完善的施工方案。

在综合管廊安全保护范围内，禁止从事排放、倾倒腐蚀性液体、气体；爆破行为；擅自挖掘城市道路；擅自打桩或者进行顶进作业；确需挖掘城市道路的，应当经过市市政工程管理机构审核同意，并采取相应的安全保护措失。

需要进入综合管廊的人员应当向管廊管理单位申请，管廊管理单位应有人员同时到场。未经同意擅自进入综合管廊的，管廊管理单位应当及时制止。

2.5.4 地震对管廊的影响

地下结构与地面结构在地震作用下的反应是有着很大区别的，应该进行系统的研究和分析，地下结构抗震研究的热潮，始于1995年发生在日本的阪神地震。而地下结构历来被认为比地面结构具有更好的抗震性能，以往的震害记录也说明了这一点。地下结构抗震设计虽然开始于19世纪60年代末，但是发展一直非常缓慢，很多概念都是照搬地上结构抗震设计方法的理论。实际上，在那次地震中，地下结构遭受了极为严重的破坏，这使得人们开始重新认识地下结构的抗震性能，并积极开展地下结构的抗震研究。

随着城市综合管廊的建设与发展，人们对于地震所带来的对管廊的危害却没有太深刻的认识，1976 年，唐山 7.8 级地震，使这个有百万人口的工业重镇遭受灭顶之灾，瞬间夷为平地，而这场地震也导致唐山市区地下 200 多千米水管线全线瘫痪，燃气、煤气管线多处发生爆炸，对抗灾救援以及灾后重建工作造成了极大的阻碍。距离关东地震震源 10km 左右的地下通道被地震荷载拉裂产生裂缝以及崩塌现象，破坏形态主要体现为在施工缝处产生了位置错动。地下结构的破坏主要出现在地质条件变化较大地段、地下结构截面变化处以及埋藏较浅的地下结构，他们受到地震荷载影响也十分明显。地震对于综合管廊的破坏规律如下：

（1）地震强度越大，管线破坏程度越严重。

（2）管线的材料不同，地震所造成的危害也不同，按石棉水泥管、塑料管、铸铁管、延性铸铁管的顺序，地震震害逐渐减轻。

（3）刚性接口的管线震害大于柔性接口的管线震害。

（4）管线越细震害越严重。

地震作用对综合管廊的影响分为三种情况。首先，破坏综合管廊的结构。地震引起的地表挤压变形可能破坏综合管廊的建筑结构，尤其是接口处。其次，地层发生液化，也很容易对综合管廊造成破坏。最后，地震引起的腐蚀性气体和液体泄露可能会对综合管廊造成毁坏。具体变形形式如图 2-2。

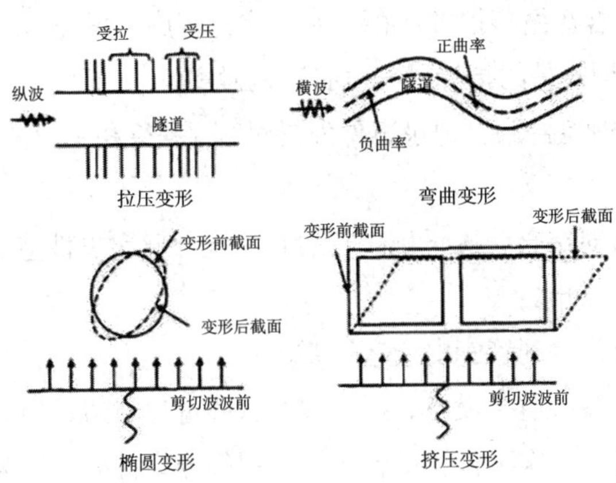

图 2–2　地震作用下综合管廊结构主要变形形式

2.5.5 反恐管理

目前，随着我国城市化进程的加快，城市规模不断扩张，架空管线容量趋于饱和使得对各类地下管线的需求量也随之增加，对城市空间资源的立体利用提出了更高的要求，特别是在一些大城市已经具有了一定的综合管廊规模。综合管廊工程是重要的生命线工程，其安全运行在一定程度上影响到一个城市的安全运行与功能保障。在非传统安全的背景之下，恐怖主义成为危害世界安全的威胁因素之一。同样，综合管廊也具有遭受潜在恐怖威胁的可能。因而，在这样的国际背景之下，不得不考虑综合管廊的反恐预防与应对，以采取有效反恐策略来维护日益发展的综合管廊的安全。遭遇反恐事件时，事件现场处置流程如下：

（1）现场中控值班人员第一时间通过监控探头或巡查发现事件并立即上报领导及相关执法部门；

（2）同时中控一人穿戴防护用品、携带警用设备（警棍、防刺手套）前往事发现场查看；

（3）确认反恐事件后，立即退至安全区域，并做好现场安全区域维护；

（4）对综合管廊进口进行封闭，在进口放置封道设施，禁止外来人员进入；

（5）如综合管廊内有相关人员，应对综合管廊内人员进行人工疏导，引导进入安全区域或撤离现场；

（6）等待相关救援人员到达处理、实时反馈现场情况到中控室。同时中控另一人根据现场反馈情况，再次向有关执法部门汇报事件进展情况；

（7）通过硬盘录像机实时不同角度对事发现场进行录像；

（8）广播系统语音循环播放提醒，如：综合管廊内发生 ×× 事件，请现场车辆及行人服从养护人员的指挥，安全有序地撤离；

（9）实时填写中控台账，记录事件发展过程；等待相关执法部门对事件处理结束，清理现场；

（10）组织人员对综合管廊设施进行检查，统计此次事件造成设施损坏情况；并安排抢修人员进行抢修；

（11）抢修完成，达到管廊安全运行要求；

（12）恢复相关智能监控设备，撤离综合管廊进口封道设施；

（13）整理并完成此次事件相关台账，汇报领导事件处理结束。

针对以上恐怖活动处置流程分析，对于反恐要求作出了如下规定：

（1）中控室配备反恐 8 件套，包括：防刺手套、防刺背心、钢叉、盾牌、警棍、钢盔、防爆毯、强光手电筒，以备不时之需；

（2）在设施范围内安装全方位的监控探头，并半小时电子巡查一次，发现异常情况立即采取报警等措施；

（3）安排专职保安进行 24 小时巡逻，确保设施范围运行安全。

2.5.6　信息安全

入廊管线信息安全管理离不开现代信息技术的应用，现代信息技术是做好入廊管线信息资源保密管理的基础和保障，因此必须采用行之有效的技术手段，综合运用身份鉴别、信息认证、接入控制、信息加密、备份与恢复、跟踪审计、防火墙、隔离网关、入侵检测系统等现代信息技术来加强信息安全保密管理工作。针对入廊管线信息安全问题，总结了如下措施：

（1）建立高等级信息安全传输网络，做到专网专用。入廊管线信息的网络传输和信息共享服务必须使用专网，不得直接或间接地与国际互联网或其他公共信息网络相连接，能提供密文传输支持，使数据包信息在传输过程中不被非法复制转发窃取。

（2）执行网络安全传输策略。通过网络传输入廊管线信息数据应根据传输协议进行数据流加密，且在整个传输过程中不可解密，必须到达目标局域网后由接收方通过解密设备进行解密。

（3）建立安全的入廊管线信息网络服务系统结构。采用以多层网络服务结构为核心，网络安全传输为基础，授权管理、监控审计和身份认证为辅助的全方位信息安全结构体系，用户通过应用服务器进行管线服务请求的提交以获得相应的服务。

2.5.7　管廊运行应急联动

1. 原则

（1）分级设立原则

在进行组织体系建立的时候，必须要根据突发事件的类别和严重等级，建立与之对应的应急处置组织体系。一般情况下，在发生较大管廊事故的时候由管廊管理单位负责应急指挥，其他相关部门负责协助处理事件。在发生特大事故的时候，应该由当地政府应急指挥中心全权负责现场指挥，其他相关部门负责协助。

（2）快速响应的原则

在综合管廊出现事故的时候，要以最快的速度启动紧急事故处理预案，并且要在第一时间对事故发生的原因进行确定，及时根据现场情况制定相应的执行方案。同时还要将信息及时反馈给相关救援部门，从而实现对事故的控制，减小事故造成的损失。

（3）统一指挥原则

在综合管廊发生事故的时候，由于应急处理涉及的部门众多，为了能够更准确地进行责任划分，在出现事故的时候就需要将各方力量有序地组织起来，并由现场指挥人实行统一联合指挥，这样就能有效避免应急处理过程中资源不能共享，信息不能互通的情况出现，从而影响应急处理的效率。

（4）分工协作原则

由于综合管廊发生事故时会涉及很多专业的技术问题，所以在进行事故预防、处置、后处理等工作的时候必须要让各个部门相互协作。同时，要将事故处理中的责任具体划分到每个部门，从而实现较好的分工协作。

（5）属地为主的原则

在综合管廊出现事故的时候，要充分发挥综合管廊管理单位的自救和社会救援的作用，充分利用当地的优势开展事故处理工作。政府部门在应急处理的过程中要起到其应有的作用，充分调动地区拥有的资源，从而保证事故处理工作能够顺利完成。

2. 应急联动的信息管理

目前，我国的城市灾害信息管理一般是按照灾害的类型交由特定的部门管理，但是这样各自管理自己范围内的事故将无法实现资源的整合利用，甚至会失去处理事故的最佳时机。综合管廊事故出现的时候一般会造成较大的损失，所以必须要建立完善的信息管理机制。同时要保证综合管廊应急联动信息与地方的其他各个灾害处理机构的信息畅通，能够互相了解对方的最新信息，从而实现各机构的信息共享。这样能够让综合管廊灾害事故发生的时候各个机构根据自己和对方的信息对事故的处理做出最好的安排，从而及时完成应急处理。综合管廊出现突发事件时的信息处理流程如图 2-3 所示。

（1）建立联合指挥中心

建立联合指挥中心，主要是为了让各个救援部门能够更好地实现相互协作，从而让应急处理工作能够在最短的时间内完成。但由于各个救援部门之间存在差

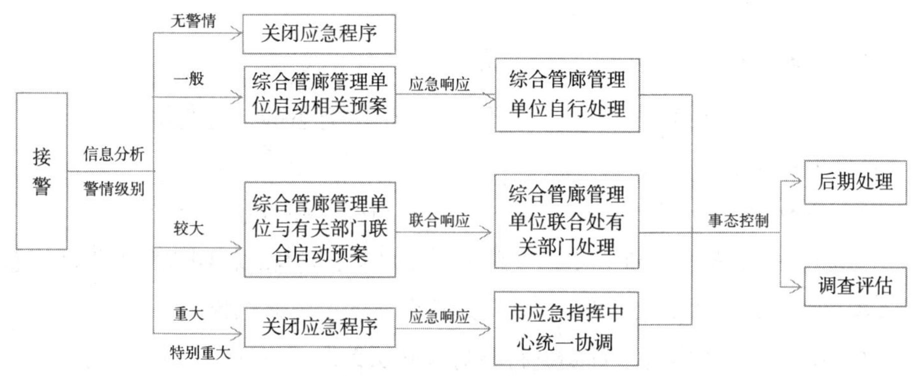

图 2-3　信息处理流程图

异，所以会在联合指挥中心建立的时候出现矛盾，必须对其进行妥善的解决。其中最突出的问题是应急联合指挥中心是直接对事故负责，所有工作的开展都是以事故为核心。而各个部门是以部门领导为中心，服从部门领导的安排。

（2）应急预案文件体系的建立

根据不同的管理层次，应急预案可以分为三个级别的文件体系。首先是针对上级管理部门的宏观决策，包括应急处理过程中的任务划分、原则与方法等；其次是针对中间管理部门的过程控制性预案，主要是应急管理的流程设置和各个流程的管理方法；最后是针对基层部门的具体操作预案，主要包括对现场的情况分析和处理。在制定预案的过程中，要以上一级的预案为基础，从而避免执行预案的过程中出现各个部门相抵触的情况。

（3）应急资源的整合

在综合管廊运营的应急联动中，必须要对资源进行合理的管理，从而避免对资源的浪费。首先是要有必要的人员保障，主要是设置多层次的应急处理人员，并在平时做好培训和演练。当首选的工作人员不能到达事故现场进行处理的时候，就要让后备人员立即到达现场开展相关工作。其次是后勤保障工作必须要处理好，对应急处理中需要用到的资源进行储备，满足应急处理的需要。

2.6　调度管理

2.6.1　调度计划

（1）应包括月调度计划和日调度计划。

（2）应科学调度、合理安全，并应考虑不同环境对管廊运行的影响。

2.6.2 调度要求

（1）应包括编制调度计划，发布调度指令，处理管线运行突发事件，编写突发事件处理报告等。

（2）应及时收集、填写每天监控检测数据指标，并做好原始记录。

（3）遇重大、紧急事件和不能处理的工作事项，应及时按照程序上报和汇总。

（4）对能处理的事件应按照操作规程或预案，及时采取措施。

（5）调度人员先对运行计划进行核对，确认无误后根据计划下达调度指令。

（6）调度系统应与应急通信系统相互联系，并应通过应急调度平台和综合管廊现场扬声器广播，实现远程调度功能。

（7）调度室应对所有管线及设备进行全面监视。

2.6.3 综合管廊调度管理的主要工作内容

综合管廊调度管理的主要工作内容包括：综合管廊信息收集、跟踪及分类汇总，综合管廊维护人员的动态跟踪记录，综合管廊安全隐患的初步识别及风险初步评估，综合管廊安全隐患整治跟踪监督，综合管廊保护工作重点分析，综合管廊保护工作内容安排指导、管廊资料和数据的更新及整合，同时参与综合管廊管理效果评价。

2.6.4 综合管廊信息收集、跟踪及分类汇总

所有的综合管廊信息以文字及图片的方式传递至综合管廊调度。由综合管廊调度负责对这些信息进行分类、汇总。

值班调度员全过程监督、监视、调度生产系统，密切关注综合管廊运行的每个环节，及时处理、协调出现的各种问题，认真做好随手记录，对出现的紧急情况，按照应急事件汇报程序，逐级进行汇报，并做好详细记录，并跟踪调度。对不负责任、调度不力、造成不良后果的人员，严肃追究处理。同时，强化调度信息的日常汇报，对出现的紧急情况，按照应急事件汇报程序，逐级进行汇报，并做好详细记录，对综合管廊管理单位下达的指示，在第一时间内传达落实到位，并跟踪调度。对于已收集的信息，进行跟踪及分类汇总，及时总结分析上报。

2.6.5 综合管廊安全隐患的初步识别及风险初步评估

综合管廊调度在综合管廊技术员的技术指导下，对所收集到的各类综合管廊

信息中的安全隐患类信息，进行初步识别并对隐患进行风险初步评估。具体评估步骤如下：

（1）确定待评价对象。对综合管廊进行风险评价时首先必须明确需要评价的管线类型。

（2）待评价综合管廊的资料收集。通过分析得到待评价综合管廊风险因素的大体类别，有针对性地收集引起综合管廊事故的相关资料，如管线的材质、最大设计压力及运营压力、采取的防腐措施、输送介质、周围的环境状况等信息，但收集的信息资料要力求准确、完备，它是评价结果准确与否的根本保障。

（3）综合管廊分段。由于综合管廊所经之处的环境及运营条件并不完全相同，在综合管廊风险评价中必须对其进行分段处理。综合管廊分段越细，评价结果越精确，但成本较高；综合管廊分段过少，精确度又达不到要求。因此，在评价过程中需要确定一个合理的综合管廊分段原则。

（4）建立风险评价指标体系。通过收集到的信息资料对管网的失效因素和失效后果进行分析，确定管网失效的原因。同时，对风险评价指标进行详细分析，建立层次结构模型，完善风险评价的指标体系。

（5）确定评分细则。根据收集到的相关数据资料，针对每一个风险评价指标，通过计算和专家评分来确定管廊各分段每个风险评价指标相对应的风险分值。

（6）计算综合管廊各分段的相对风险值。根据层次分析法确定的各因素的权重，并利用改进的肯特评分法的计算步骤求取综合管廊各分段的相对风险值。

2.6.6　综合管廊安全隐患整治跟踪监督

综合管廊管理单位负责对每一处已发现的综合管廊安全隐患建立综合管廊安全隐患台账，以文字和图片资料来跟踪记录、监督该隐患从开始到整治完毕、消结的全过程。

综合管廊管理单位要采用“事故隐患整改通知”的形式，通知权属管线入廊的单位。根据隐患的性质，分别做出立即整改、限期整改等要求，并负责跟踪监督。对危及综合管廊安全运行的隐患，要立即整改；对有些限于客观条件一时不能彻底整改的隐患，应采取有效的防范措施，明确整改计划，限期整治。对事故隐患的整治要实行定措施、定时间、定责任人的原则。综合管廊管理单位对隐患整治必须认真负责，组织好人力、物力、财力，在技术部门参与下及时整改，并做到有检查、有落实。

2.6.7 综合管廊保护工作重点分析

与综合管廊管理职能人员及相关技术人员一同对综合管廊外部环境及隐患形式在一定时间、空间区域上转变过程及态势进行分析，对综合管廊的重点监控点进行划分，分阶段合理调整综合管廊保护工作重心。

2.6.8 实时调整、分配综合管廊维护人力资源，进行工作内容安排指导

综合管廊管理单位负责对综合管廊维护人员及综合管廊信息员的日常工作动态进行监控。同时根据阶段性的综合管廊保护工作重心，实时调整综合管廊保护工作的整体平面布局和工作安排。

2.6.9 综合管廊资料、数据的更新、整合

综合管廊管理单位负责对综合管廊、综合管廊附属设施及综合管廊周边情况现有资料、数据，随运行需要或外部环境发生改变后的实时刷新，确保综合管廊数据的真实、有效。

综合管廊资料、数据的更新、整合的首要工作是了解综合管廊运行的基本条件，就必须运用一定的方法系统地、有计划地进行资料、数据搜集。

科学地确定整合资料、数据搜集的范围，是做好资料、数据的更新、整合工作首先要解决的问题。资料、数据的更新、整合的目的是为了整合系统内外的各种原始数据信息，使得决策支持成为可能。因此，在资料、数据搜集的过程中，应该紧紧围绕这一总的目标要求，搜集资料、数据。

2.6.10 参与综合管廊管理效果评价

综合管廊管理单位负责收集综合管廊维护人员对综合管廊管理提出的意见和建议，参与综合管廊运行维护人员履责能力评价及综合管廊安全隐患整治效能评价等。

2.7 危险源辨识与控制

2.7.1 危险危害因素以及辨识

危险因素是指能够对人造成伤亡或对物造成突发性损害的因素。危害因素是

指能够影响人的身体健康，导致疾病，或对物造成慢性损害的因素。通常情况下，两者不作严格的区分，客观存在的危险，有害物质或能量超过临界值的设备、设施和场所等，统称为危险因素。

危害辨识是确认危害的存在并确定其特性的过程。即找出可能引发事故导致不良后果的材料、系统、生产过程或工厂的特征。因此，危害辨识有两个关键任务：识别可能存在的危险因素，辨识可能发生的事故后果。

1. 危险、危害因素的分类

对危险因素进行分类，是为了便于进行危险因素的辨识和分析，危险因素的分类方法有很多，如根据现行国家标准《生产过程危险和有害因素分类与代码》GB/T 13816 的规定，将生产过程中的危险因素分为六类：物理性危险因素（防护缺陷、噪声危害等），化学性危险因素（自燃性物质、有毒物质等），生物性危险因素（致害动物、植物等），心理、生理性危险因素（负荷超限、从事禁忌作业等），行为性危险因素（指挥失误、操作错误等），其他危险因素。

按直接原因危险、危害因素可分为以下几类：

（1）物理性危险、危害因素：设备、设施缺陷（如刚度不够），防护缺陷（防护不当），电危害（漏电），噪声危害，振动危害，电磁辐射（X 射线），运动物危害（固体抛射物），明火，能造成灼伤的高温物质（高温气体），能造成冻伤的低温物质（低湿气体），粉尘与气溶胶（有毒性粉尘），作业环境不良（缺氧），信号缺陷（无信号设施），标志缺陷（无标志），其他物理性危险和危害因素。

（2）化学性危险、危害因素：易燃易爆性物质，自燃性物质，有毒物质，腐蚀性物质，其他化学性危险、危害因素。

（3）生物性危险、危害因素：致病微生物，传染病媒介物，致害动物，致害植物，其他生物性危险、危害因素。

（4）心理、生理性危险、危害因素：负荷超限，健康状况异常，从事禁忌作业。心里异常，辨识功能缺陷，其他。

（5）行为性危险、危害因素：指挥错误、操作失误、监护失误、其他错误、其他因素。

（6）其他危险、危害因素：参照现行国家标准《企业伤亡事故分类》GB 6441 分为 16 类。物体打击，车辆伤害，机械伤害，起重伤害，触电，淹溺，灼烫，火灾，高处坠落，坍塌，放炮，火药爆炸，化学性爆炸，物理性爆炸，中毒和窒息，其他伤害；参照卫生部、原劳动部、总工会颁发的《职业病范围和职业病患者处理办法的规定》分为生产性粉尘，毒物，噪声与振动，高温，低温，辐射，其他危害因素。

2. 危害辨识的主要内容

危害辨识与危险评价过程中，应对如下方面存在的危险、危害因素进行分析与评价。

（1）综合管廊地址。综合管廊地址的工程地质、地形、自然灾害、周围环境、气象条件、资源交通、抢险救灾支持条件等方面。

（2）综合管廊平面布局总图。功能分区布置，高温、有害物质、噪声、辐射、易燃、易爆、危险品设施布置，建筑物、构筑物布置，安全距离，卫生防距离等。

（3）建（构）筑物。结构、防火、防爆、朝向、采光、运输（操作、安全、运输、检修）通道、开门、生产卫生设施。

（4）运行过程。物料（毒性、腐蚀性、燃爆性）湿度、压力、速度、作业及控制条件、事故及失控状态。

（5）设备装置。高温、低温、腐蚀、高压、振动、关键部位的备用设备、控制、操作、检修和故障、失误时的紧急异常情况。

（6）机械设备。运动零部件和工件、操作条件、检修作业、误运转和误操作。

（7）电气设备。断电、触电、火灾、爆炸、误运转和误操作。

（8）粉尘、毒物、噪声、振动、辐射、高温、低温等有害作业部位。

（9）管理设施、事故应急抢救设施和辅助维护设施。

（10）物质及运行环境危害辨识。

3. 危害辨识方法

（1）直观经验法

该方法适用于有可供参考先例，有以往经验可以借鉴的危害辨识过程，不能用在没有可供参考先例的新系统中。

1）对照、经验法。对照有关标准、法规、检查表或依靠分析人员的观察分析能力，借助于经验和判断能力直观地评价对象危险性和危害性的方法。该方法优点是简便、易行；缺点是受知识、经验、资料限制，且易遗漏（如建筑行业的安全检查表）。

2）类比方法。利用相同或相似系统或作业条件的经验和职业安全卫生的统计资料来类推、分析评价对象的危险、危害因素。

（2）系统安全分析方法

即应用系统安全工程评价方法的部分方法进行危害辨识，系统安全分析方法常用于复杂系统，没有事故经验的新开发系统。通常的方法有：事件树（E，rA）、事故树（FTA）。

4. 危害辨识注意事项

（1）危险，危害因素分布

为了有序、方便地进行分析，防止遗漏，宜按管廊地址、平面布局、构筑物、物质、附属设施、运行环境几部分分别分析其存在的危险、危害因素，进行列表登记、综合归纳。

（2）伤害（危害）方式和途径

1）伤害（危害）方式指对人体造成伤害，对人身健康造成损坏的方式，如机械伤害的挤压、咬合、碰撞、剪切等。

2）伤害（危害）途径和范围，大部分危险、危害因素是通过与人体直接接触造成伤害，爆炸是通过冲击波、火焰、飞溅物体在一定空间范围内造成伤害。物是通过直接接触或一定区域内通过呼吸带的空气作用于人体，噪声是通过一定距离的空气损伤听觉的。

3）主要危险、危害因素。对导致事故发生条件的直接原因、诱导原因进重点分析，从而为确定评价目标、评价重点、划分评价单元、选择评价方法采取控制措施计划提供基础。

4）重大危险、危害因素。不能遗漏，不仅要分析管廊正常运行，运行时危险、危害因素，更重要的是要分析设备、装置破坏及操作失误可能产生严重后果的危险、危害因素。

5. 危害辨识、风险评价和风险控制的基本步骤

（1）划分区域。

（2）辨识危害。辨识与各项业务活动有关的主要危害。考虑谁会受到伤害以及如何受到伤害。

（3）确定风险。在假定计划的或现有控制措施适当的情况下，对与各项危害有关的风险作出主观评价。评价人员还应考虑控制的有效性以及一旦失败所造成的后果。

（4）确定风险是否可承受。判断计划的或现有的 OHS 预防措施是否足以把危害控制住并符合法律的要求。

（5）制定风险控制措施计划。编制计划以处理评价中发现的、需要重视的任何问题。组织应确保新的和现行控制措施仍然适当和有效。

（6）评审措施计划的充分性。针对已修正的控制措施，重新评价风险，并检查风险是否可承受。

危险辨识是风险评价与风险控制的基础，它是指对所面临的和潜在的事故危险加以判断、归类和分析危险性质的过程。其目的是要了解什么情况能发生，怎样发生和为什么能发生，辨识出要进行管理或评价的危险。

风险评价是指在危险辨识的基础上，通过对所收集的大量的详细资料加以分析，估计和预测事故发生的可能性或概率（频率）和事故造成损失的严重程度，确定其危险性，并根据国家所规定的安全指标或公认的安全指标，衡量风险的水平，以便确定风险是否需要处理和处理的程度。

风险控制是指根据风险评价的结果，选择、制定和实施适当的风险控制计划来处理风险，它包括风险控制方案范围的确定，风险控制方案的评定，风险控制计划的安排和实施。

监督和审查是指对危险辨识、风险评价以及风险控制全过程进行分析、检查、修正与评价，如图 2-4 所示。

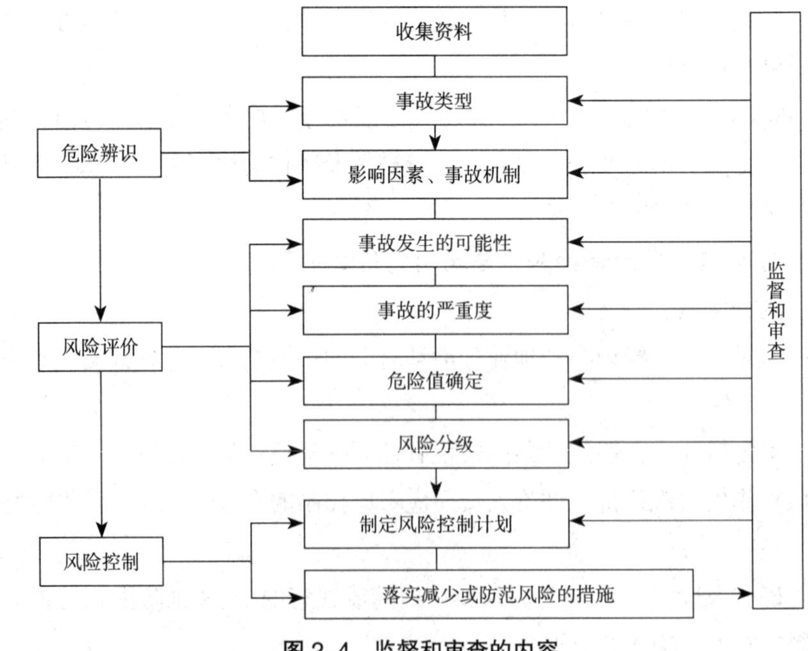

图 2-4　监督和审查的内容

2.7.2 重大危险源与危险源辨识

1. 重大危险源

是指长期地或临时地生产、加工、搬运、使用或储存危险物质，且危险物数量等于或超过临界量的单元。

2. 重大危险源辨识

辨识依据是物质的危险特性及其数量。

3. 重大危险源分类

管廊舱室内重大危险源。根据物质不同的特性，管廊舱室内重大危险源按爆炸性、易燃、活性化学、有毒 4 类物质的品名（品名引用现行国家标准《危险货物品名表》GB 12268）及其临界量加以确定。

4. 重大危险源的辨识指标

管廊舱室内存在危险物质的数量根据处理物质种类的多少分为以下两种情况：

（1）舱室内存在的危险物质为单一品种，则该物质的数量即为舱室内危险物质的总量，若等于或超过相应的临界量，则定为重大危险源。

（2）舱室内存在的危险物质为多品种时，则按下式计算，若满足下面公式，则定为重大危险源：

$$\frac{q_1}{Q_1}+\frac{q_2}{Q_2}+\cdots+\frac{q_n}{Q_n}\geqslant 1$$

式中 q_1，q_2，q_3，…，q_n——每种危险物质实际存在量；

$Q_1,Q_2,\cdots,Q_n$——与各危险物质相对应的生产场所或储存区的临界量。

5. 重大事故

运行过程中发生的重大火灾、爆炸或毒物泄漏事故，并给现场人员或公众带来严重危害，或对财产造成重大损失，对环境造成严重污染。

重大事故是由于重大危险源在失去控制的情况下导致的后果。重大事故隐患包含在重大危险源的范畴之中，从事故预防的角度，加强对重大危险源的监控管理，控制危险源，查找、治理事故隐患是非常必要的。

2.7.3 产生气体的性质和危害

从产生气体的角度来看，综合管廊从规划建设、施工运行、投入使用、维护检修等方面都会涉及气体，所以综合管廊在气体检测方面是不容忽视的。

由于综合管廊铺设在地下，空气不太流通，故易产生以硫化氢、一氧化碳、甲烷、二氧化碳等气体为代表的各种易燃易爆、有毒有害的气体，这些气体因各自的化学性质聚集在地下空间的某些位置，久而久之就会对人造成一定的伤害。

1. 硫化氢的性质和危害

性质：常规下是一种无色、易燃的酸性气体，浓度低时带恶臭，气味如臭蛋；浓度高时反而没有气味（因为高浓度的硫化氢可以麻痹嗅觉神经）。硫化氢是一种急性剧毒，吸入少量高浓度硫化氢可于短时间内致命。低浓度的硫化氢对眼、呼吸系统及中枢神经都有影响。

危害：硫化氢是一种强烈的神经毒素，对黏膜有强烈刺激作用。短期内吸入高浓度的硫化氢后出现流泪、眼痛、眼内异物感、畏光、视觉模糊、流涕、咽喉部灼烧感、咳嗽、胸闷、头痛、头晕、乏力、意识模糊等。重者可出现脑水肿、肺水肿，极高浓度时可在数秒内突然昏迷，发生闪电型死亡。

2. 一氧化碳的性质和危害

性质：一氧化碳标准状况下，纯品为无色、无臭、无刺激性的气体。一氧化碳在进入人体之后会和血液中的血红蛋白结合，产生碳氧血红蛋白，进而使血红蛋白不能与氧气结合，从而引起机体组织出现缺氧，导致人体窒息死亡，因此一氧化碳具有毒性。常常会因忽略而致中毒。

危害：最常见的一氧化碳中毒症状，如头痛，恶心，呕吐，头晕，疲劳和虚弱的感觉。一氧化碳中毒症状包括视网膜出血，以及异常樱桃红色的血。暴露在一氧化碳中可能严重损害心脏和中枢神经系统，会有后遗症。一氧化碳还可能令孕妇胎儿产生严重的不良影响。

3. 可燃气体的性质和危害

性质：可燃气体是一种无色的混合气体，在一定的空间达到一定的浓度的时候，是比较危险的，如遇到火源会引起爆炸、燃烧。

危害：可燃气体集中在一定的空间里，当浓度达到一定的界限时，是比较危险的，遇到火源随时会爆炸，引起火灾。以甲烷为例，甲烷对人基本无毒，但浓度过高时，会使空气中氧含量明显降低，使人窒息。当空气中甲烷达25% ~ 30%时，可引起头痛、头晕、乏力、注意力不集中、呼吸和心跳加速。若不及时远离，可致窒息死亡。

4. 氧气的性质和危害

性质：无色无味的气体，常温下不是很活泼，与许多物质都不易产生作用。

但在高温下则很活跃，能与多种元素直接化合，这与氧原子的电负性仅次于氟。氧气在自然界中分布最广，是丰富度最高的元素。冶金过程离不开氧气。为了强化硝酸和硫酸的生产过程也需要氧。对于医疗用气极为重要。

危害：人类吸入纯氧会得富氧病中毒，肺部毛细管屏障被破坏，导致肺水肿、肺瘀血和出血，严重影响呼吸功能，进而使各脏器缺氧而发生损害。液氧属于不燃液化气体，但非常助燃，溢漏液氧遇可燃物是会引起燃烧或爆炸的。液氧装置的绝热层遭到破坏时液氧装置会引起爆炸。液氧接触皮肤会引起严重冻伤，对细胞组织有严重破坏作用。

2.7.4 影响管线的危险因素

入廊管线的正常运行依赖综合管廊结构设备的安全、可靠，但管线本身的不安全因素会造成管线事故，从而对管廊的安全产生影响，入廊管线的事故原因如表 2-3 ～表 2-7 所示。

供水管线事故危险因素表 表 2–3

一级指标	二级指标	危险因素
人的因素	缺乏安全意识	有分散注意力行为
		忽视警示标志
		不使用安全防护用品
	缺乏安全知识	操作错误
		不使用安全设备
		冒险进入危险场所
	缺乏安全技能	操作错误
		物品存放不当
		维修不到位
		安全装置失效
物的因素	设计、技术缺陷	施工设计缺陷
		管线自身材质缺陷
		市政供水环网设计缺陷
	焊接、施工缺陷	焊缝有裂纹
		焊缝未焊透
		焊缝错边严重

续表

一级指标	二级指标	危险因素
物的因素	焊接、施工缺陷	焊缝有气孔、夹渣
		预留管段接头未用盲板焊死
		防变形措施缺陷
		阀门、接口、法兰施工缺陷
		局部刚性处理
		密封胶老化、不到位
		焊接点未采取修复措施
		排气阀位置不当
	设备、设施、工具附件有缺陷	管材质量检验不严格
		管材选材不当
		阀门、法兰存在缺陷
		排气阀失效
		设备设施强度不够
		刚度不够
		弯头质量未达标
		稳定性差
		密封不良
		外形缺陷
		管线超龄服役
		事故检测设备落后
		维修工具落后
	安全设施缺少或有缺陷	防护装置设施缺陷
		支撑不当
		防护距离不够和其他防护缺陷
	安全标志缺陷	无标志
		标志不规范、标志选用不当
		标志不清、位置不当
	管材防腐缺陷	防腐层施工质量缺陷
		防腐层粘结力降低
		防腐层老化剥离
		防腐层内部积水
		细菌藻类滋生

续表

一级指标	二级指标	危险因素
物的因素	管材防腐缺陷	有机物、泥沙残积管线
	制度、规程方面	缺乏岗位安全责任制
		安全管理规章制度不健全
		日常监管巡检不力
		安全操作规程不健全
	操作、管理方面	水压控制过大
		阀门启闭操作失误
		泵启停失误
	自然环境	管线老化更换不及时
		自然灾害（地震、洪涝、台风、滑坡塌方、冰雪等灾害）
	管线交互影响	管线间安全距离不足
		管线间事故影响

排水管线事故危险因素表　　**表 2-4**

一级指标	二级指标	危险因素
人的因素	缺乏安全意识	有分散注意力行为
		忽视警示标志
		不使用安全防护用品
		操作错误
		不使用安全设备
	缺乏安全知识	操作错误
		违章操作
		不按方案操作
		物品存放不当
		造成安全装置失效
	设计、技术缺陷	施工设计缺陷
		管线设计承载力不足
		管径设计不合理
		管线坡度设计不合理
		管线自身材质缺陷
物的因素	施工缺陷	穿越障碍不符合要求
		防腐层施工中受损

续表

一级指标	二级指标	危险因素
物的因素	施工缺陷	管线连接处安装不符合要求
		管线防腐、防变形措施缺陷
		阀门、接口、法兰连接施工质量差
	管材、设备、设施、工具附件有缺陷	设备设施强度不够
		刚度不够
		稳定性差
		密封不良
		外形缺陷
		管材选材不当
		管材质量不合格
		阀门、法兰、弯头等存在缺陷
		安全附件缺陷
		设备设施强度不够
		管线超龄服役、管线老化
	管线淤积、堵塞	管线坡度过小造成大量淤积
		施工清理不净
		建筑垃圾和生活垃圾等进入管线
		有大量含有油脂、有机物的污水和泥沙沉淀物等进入管线
		菌类植物在管线内生长
		常年不清理管线
		内管壁产生结垢
	安全设施缺少或有缺陷	防护装置设施缺陷
		支撑不当
		防护距离不够和其他防护缺陷
	安全标志缺陷	无标志
		标志不规范、标志选用不当
		标志不清、位置不当
	腐蚀失效	防腐验收及检测不到位
		防腐层受外力破损

续表

一级指标	二级指标	危险因素
物的因素	腐蚀失效	防腐层粘结力降低
		防腐层老化剥离
		防腐层内部积水
管理因素	制度、规程方面	缺乏岗位安全责任制
		安全管理规章制度不健全
		安全操作规程不健全
	定期检查检测情况	是否具有定期检查制度，定期检查具体实施情况
		监管巡检不力
	应急处置预案方面	没有事故应急预案，应急救援体系不完善
		急救援演练的次数少和效果差
		自然灾害（地震、滑坡、泥石流、水土流失、崩塌、洪涝灾害等）
	管线交互影响	管线间安全距离不足
		管线间事故影响

燃气管线事故危险因素表　　表 2–5

一级指标	二级指标	危险因素
人的因素	缺乏安全意识	有分散注意力行为
		忽视警示标志
	缺乏安全知识	操作错误
		不使用安全设备
	缺乏安全技能	操作错误
		违章操作
		不按方案操作
		物品存放不当
		安全装置失效
物的因素	设计、技术缺陷	施工设计缺陷
		管线自身材质缺陷
	焊接、施工缺陷	焊接材料不合格
		焊缝表面处理不合格
		焊缝有裂纹
		焊缝未焊透
		焊缝错边严重

续表

一级指标	二级指标	危险因素
物的因素	焊接、施工缺陷	焊缝有气孔、夹渣等
		穿越障碍不符合要求
		防腐层施工中受损
		管线连接处安装不符合要求
		管线防腐、防变形措施缺陷
		管螺纹的加工质量不符合规范要求
	管理、设备、设施、工具附件有缺陷	管线转弯弯头使用多
		管材选材不当
		管材质量不合格
		安全裕量不足
		阀门、法兰、弯头等存在缺陷
		安全附件缺陷
		设备设施强度不够
		刚度不够
		稳定性差
		密封不良
		外形缺陷
		伸缩缝不符合设计要求
		管线设施超龄役
	腐蚀失效	防腐层验收及检测不到位
		防腐层受外力破损
		防腐层粘结力降低
		防腐层老化剥离
		防腐层内部积水
		管内积水
		燃气水分不合要求
		燃气含腐蚀性成分

续表

一级指标	二级指标	危险因素
物的因素	安全设施缺少或有缺陷	防护装置设施缺陷
		支撑不当
		危险区域防爆电器不防爆
		静电接地不可靠
		防雷装置失效
		防护距离不够和其他防护缺陷
	安全标志缺陷	无标志
		标志不规范、标志选用不当
		标志不清、位置不当
	报警仪失效	未定期检验
		人为破坏
	物理爆炸	压力超限
		安全阀弹簧损坏
		安全阀造型不当
		调压器失灵
	制度、规程方面	缺乏岗位安全责任制
		安全管理规章制度不健全
		安全操作规程不健全
	管理水平	燃气管线的调度、监控、信息系统水平不高
		系统缺乏辅助决策分析、应急方案和管线查询功能
	职能部门方面	职能部门管理混乱，各自为政
		管理范围不明确
	安全培训教育方面	缺乏安全教育
		缺乏岗位安全技能培训
	应急处置预案方面	没有事故应急预案，应急救援体系不完善
		应急救援演练的次数少和效果差
	定期检查检测情况	是否具有定期检查制度，定期检查具体实施情况
		监管巡检不力
	管线交互影响	管线间事故影响

供热管线事故危险因素表　　表 2-6

一级指标	二级指标	危险因素
人的因素	缺乏安全意识	有分散注意力行为
		忽视警示标志
		不使用安全防护用品
	缺乏安全知识	操作错误
		不使用安全设备
	缺乏安全技能	操作错误
		物品存放不当
		维修不到位
		安全装置失效
物的因素	设计、技术缺陷	施工设计缺陷
		管线自身材质缺陷
		市政供热环网设计缺陷
	焊接、施工缺陷	焊缝有裂纹
		焊缝未焊透
		焊缝错边严重
		焊缝有气孔、夹渣
		预留管段接头未用盲板焊死
		防变形措施缺陷
		保温层材料质量缺陷
		保温层施工质量缺陷
		阀门、接口、法兰施工缺陷
		密封胶老化、不到位
		焊接点未采取修复措施
		排气阀位置不当
	设备、设施、工具附件有缺陷	管材质量检验不严格
		管材选材不当
		阀门、法兰存在缺陷
		排气阀失效
		调压设备失效
		设备设施强度不够
		刚度不够
		弯头质量未达标

续表

一级指标	二级指标	危险因素
物的因素	设备、设施、工具附件有缺陷	稳定性差
		密封不良
		外形缺陷
		管线超龄服役
		事故检测设备落后
		维修工具落后
	安全设施缺少或有缺陷	防护装置设施缺陷
		支撑不当
		防护距离不够和其他防护缺陷
	安全标志缺陷	无标志
		标志不规范、标志选用不当
		标志不清、位置不当
	管材防腐缺陷	防腐层施工质量缺陷
		防腐层粘结力降低
		防腐层老化剥离
		防腐层内部积水
管理因素	制度、规程方面	缺乏岗位安全责任制
		安全管理规章制度不健全
		日常监管巡检不力
		施工检查、现场管理制度不健全
		安全操作规程不健全
	组织、指挥方面	作业组织不合理
		安全管理机构不健全
		安全管理人员不足
		无突发事件应急工作小组
		缺乏应急事故预案
		发现问题迟缓
		处理事故不及时
		指挥者对管线资料了解不全

续表

一级指标	二级指标	危险因素
管理因素	操作、管理方面	水温控制过高
		水压控制过大
		阀门启闭操作失误
		泵启停失误
		管线老化
	管线交互影响	管线间事故影响

电力管线事故危险因素表 **表 2-7**

一级指标	二级指标	危险因素
人的因素	人为环境	管线负荷急剧增加导致过载、过热，环境恶化，出现积水，产生有害气体或发生火灾等
管理因素	组织、指挥方面	地下管线管理方式和控制手段薄弱，无法及时了解电缆的运行情况

2.7.5 其他危险、有害因素辨识

1. 火灾

综合管廊属于地下狭长受限空间，与大气相通的孔洞少且面积较小，火灾发生时，热烟无法排出，热量集聚，散热缓慢，空间的温度提升很快，可能较早出现轰燃现象，甚至存在温度由 400℃左右陡然上升到 800 ~ 900℃，空气体积急剧膨胀，一氧化碳、二氧化碳等有害气体的浓度迅速增高。综上所述，综合综合管廊在火灾发生后，具有蔓延快、火势猛、扑救难、损失大等特点。

2. 触电

综合管廊运行过程中使用的电气装置，因设备漏电、线路绝缘老化、违章操作等问题，也会引起人员触电事故的发生。此外，氯气会腐蚀电气、设施、线路和设备，可能造成电气伤害事故。

3. 防滑

综合管廊运行中，过道可能会产生积水，可能会给相关人员造成不必要的安全隐患。

2.8　人员要求

2.8.1　新进人员

（1）凡是新员工的或调动来的转岗工人，在正式上岗之前，须参加岗前培训，经考核合格后方能上岗工作。凡考核不合格人员不能从事综合管廊运行工作，需重新参加岗前培训。

（2）岗前培训的内容包括以下几个方面：

1）综合管廊的运行情况、业务知识；

2）岗位安全运行知识及安全责任制度培训；

3）跟班实践培训。

（3）经岗前培训考核合格后，正式上岗操作时需有该岗位熟悉工监护指导一个周期，直到能独立从事操作为止。

（4）要求具有国家级或地市级上岗证的岗位，必须先向证书颁发单位申请考核，取得相关操作资格证后，持证上岗。

2.8.2　特种工种

（1）特种作业范围：高压运行维护作业、井下机电电气作业、焊接与热切割作业、易燃易爆危险化学品作业、毒性危险化学品设备检修作业等。

特种作业工种安全管理制度：特种作业工种在生产过程中担负着特殊任务，危险性较大，为保证安全生产，杜绝事故发生，企业应制定安全管理制度。

（2）特种作业人员范围：电工作业、金属焊接作业等。

（3）特种作业人员必须具备的条件：①工作认真负责，遵守纪律；②年满 18 周岁以上；③具有初中以上文化程度；④按上岗要求的技术业务理论考核和实际操作技能考核成绩合格者；⑤身体健康，无妨碍从事特种作业工作的疾病和生理缺陷。

（4）《中华人民共和国劳动法》和《特种作业人员安全技术培训考核管理办法》明确规定，对特种作业人员的培训考核应由具备培训资格的单位进行。

（5）考核合格的人员由省、自治区、直辖市安全生产综合管理部门或其委托的地、市级安全生产综合管理部门颁发全国通用的特种作业操作证，并定期复审。

（6）特种作业人员必须持证上岗，严禁无证上岗。

2.8.3 电工

（1）遵守各项规章制度，执行本岗位的安全操作规程，对本岗位的安全运行负责。

（2）负责安装、维修、保养所管辖范围内的电气设备，认真执行有关管理规程和相关安全规定。

（3）负责电器、灯具、电话等用电线路、用电设施的养护与维修工作。

（4）负责电器线路设施的拆装，参与有关用电线路更新改造工作。

（5）负责防火、安全保卫工作。如：电火、明火、设施检查与改造，配置灭火器。

（6）现场操作必须按规定着装，戴好安全帽。

（7）在操作中一定要严格执行监护制度和复查制度。在安装电器设备时要精力集中，防止发生意外事故。

（8）操作前，工作负责人应将操作目的、停电范围向操作人员交代清楚；一定要仔细核对设备铭牌，铭牌不清或无铭牌应拒绝操作。

（9）熟悉设备的结构性能、技术规范和有关操作规章。掌握设备的运行情况、技术状况和缺陷情况。

（10）做好所管辖电气设备的运行维护、巡回检查和监视调整工作。

（11）做好每天的工作记录（包括工作地点、安装、维修项目、使用材料、工作时间、参加人员等）。

（12）在保证用电安全和人身安全的前提下积极完成工作任务。

（13）进行用电安全常识教育，检查室内外正常用电情况，并向上级汇报。

2.8.4 安全员

（1）全面负责现场的安全工作，建立健全安全生产组织机构。

（2）学习安全管理有关规定，领会安全管理的精神，制定出具体的安全措施。

（3）实行安全运行责任制，根据实际情况设立相应的安全检查人员，定期检查平台、休息室及其他办公场所，定期检查各种消防器材，及时发现隐患，防止事故发生，确保员工的人身安全，并及时上报领导，保证工程的顺利进行。

（4）组织施工人员进行安全教育，并做好工程安全交底工作，填报相应的资料，做好安全生产的宣传指导工作。

（5）以高度的责任心对待安全工作，安全是一切工作正常开展的重要保证。

（6）制定安全操作规程，指导员工正确使用消防用具，保证安全生产。

（7）负责监督落实隐患的整改并反馈整改效果，确保平台运作安全稳定。

（8）能对安全生产提出合理化建议，整理各种安全生产资料，参与事故分析和研究，制定各种防止事故措施。

（9）有权制止一切违章指挥、违章操作的行为，并直接向部门领导或上级主管部门报告。

（10）依据《建设工程安全管理条例》、《建筑法》对现场进行施工安全管理。

（11）接受项目负责人对现场安全的工作部署。

（12）紧急情况下，可以对现场突发的安全事故采取现行处理，并同时向主管领导汇报。

2.9　综合管廊智能巡检

当前，综合管廊建设方对智慧管廊的特征、范围、内涵、外延以及信息化建设国内还处于初探阶段。但在智慧城市和智慧园区大规模建设内生需求和国内急需打造经济发展新动力外在要求的推动下，智慧管廊建设在国内大面积展开，管廊建设方对综合管廊主体结构建造已没有任何技术障碍。

城市综合管廊是集市政、电力、通信、燃气、供水排水等各种管线于一处，在城市道路地下空间建造的一个集约化的隧道。综合管廊短则几公里、长则数十公里，其运维情况极其复杂。巡检人员不可能完全实时掌握综合管廊运行工况。定点监测很可能出现盲区，为了减少或不出现盲区就要增加监测、传感设备，这样就会提高综合管廊后期造价。

为达到对综合管廊内的电力、水力、通信管线设施进行表面外观与实时发热情况分析，并对燃气泄漏、水管破损泄漏情况进行综合监测与分析，使诊断具有更为现实的应用意义，引入机器人技术对综合管廊进行动态巡检与在线监测，成为首选方式。用科技手段辅助综合管廊监控，保障社会设施财产安全。全面监测综合管廊内各类设施设备状态，防患设备故障隐患，提高综合管廊管理效率。

综合管廊智能机器人巡检管理系统就是用人工智能、移动机器人、无线传输、有传输技术借助互联网组网技术组建可无限扩展的物联网管理系统。对综合管廊进行全面信息化管理，为综合管廊规划设计、综合管廊工程管理、综合管廊管线管理、综合管廊设施管理、综合管廊营建指挥提供智能、高效、稳定的信息服务综合平台。这个平台主要包括以下子系统：

（1）综合管廊资源数据管理：基于地下管线普查，整合建立一体化管网数据库，支撑综合管廊规划。

（2）综合管廊规划管理：辅助综合管廊规划，建设综合管廊规划系统，支撑地下空间开发利用系统。

（3）基于智能机器人的综合管廊巡视监控及日常管理：建设综合管廊设施监控管理系统，建设综合管廊日常管理综合应用系统。

2.9.1 机器人的种类

1. 轮式机器人

（1）无轨化自动定位导航，无须大规模土建施工；

（2）活动范围大，行走路线灵活可调；

（3）四轮驱动，原地转向。

如图 2-5 所示。

2. 挂轨机器人

（1）沿轨道运行，不依赖地面环境；

（2）运行速度快，并可满足应急消防需要；

（3）实现 90° 升降。

如图 2-6 所示。

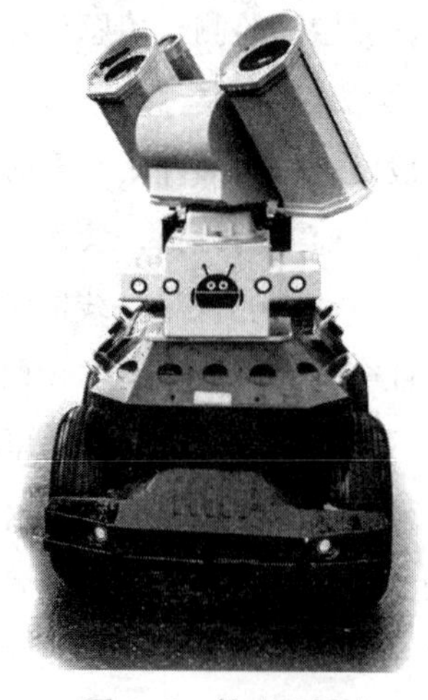

图 2–5 轮式机器人

图 2–6 挂轨机器人

3. 履带式机器人

（1）路面适应能力超强，可爬坡、上台阶；

（2）活动范围大，行走路线灵活可调；

（3）负重多，可带消防器材。

如图 2-7 所示。

图 2–7　履带机器人

2.9.2　机器人具备的能力和功能

1. 能力

（1）红外测温与故障、温湿度超限、有毒气体超限报警。

（2）可见光视频实时监控。

（3）智能表识别。

（4）应急消防。

（5）交互式对讲平台。

（6）伴随巡检。

（7）监控及数据报表分析。

（8）定时、周期、遥控巡检。

2. 功能

（1）管廊设施管理功能

提供管线离线维护功能，支持管线空间信息、属性信息、拓扑信息和符号库信息的编辑更新功能；支持局部更新和批量更新；支持管廊三维模型数据更新。提供管廊和管线的维修和改造管理，支持维修记录管理，维修档案管理。

（2）管廊智能移动在线监测

1）管廊温度压力监测。

2）基于可见光高清视频的自主监测与设备环境状态识别分析。

3）红外热成像、热缺陷监测与诊断。

4）消防设备监测。

5）气体监测。

（3）管廊巡检功能

利用定位等技术为工作人员提供可视化的资源巡检系统，将涉及的设施资源全部数字化，管理者能够精确地了解整体设施的布局、建设、维护，巡检机器人通过机身携带的多传感器终端对资源的地理位置及相关属性进行信息采集。管理者可以查看巡检机器人的运动位置信息、历史轨迹及维护记录的回放。从而实现整个管廊内资源管理。

（4）资源巡检

1）巡检人员定位。

2）管线巡查。

3）安全监控。

（5）爆管分析

根据爆管发生的位置，迅速分析并在地图上定位显示与爆点相关的阀门，指导维修人员快速抢修。

（6）管线应急处置功能

1）应急位置查询。

2）应急报警。

3）应急路网分析。

4）应急场景模拟。

5）上报信息。

（7）消防功能

1）能够喷淋水雾或气凝胶灭火。

2）局部换气。

（8）耐火能力和防静电功能

机器人本身要符合相关消防规定。

2.9.3 工作内容

1. 巡检设备设施

（1）管线空间、属性信息管理（局部更新和批量更新）。

（2）支持管廊三维模型数据更新。

（3）支持维修记录管理。

（4）自动巡航、避障技术。

2. 巡查管廊环境信息

（1）温度、压力、气体监测。

（2）高清视频识别设备状态。

（3）红外热成像、热缺陷监测与诊断。

3. 爆管分析

（1）结合地图数据反馈爆点位置。

（2）指导维修人员快速抢修。

4. 应急处置功能

（1）应急位置查询。

（2）应急报警。

（3）应急路网分析。

5. 消防功能

（1）自动寻址技术。

（2）超声波细水雾灭火技术。

2.9.4　意义

在机器人工作的区域，不舒适、不适合人类工作，而且时常伴随着危险，人类并不适合长时间停留；但机器人没有退却，每天保持着高昂的工作热情，默默保障城市所需和安全。

未来，综合管廊 + 数字化管理 + 物联网技术，更将帮助运维人员实现工作效率最大化。巡检机器人除了工作认真、仔细、不闹情绪以外，还是一个本领高强的多面手，搭载的高清可见光摄像机、红外热像仪、气体检测仪等传感器，可对管廊沿线的设备进行逐项、连续巡查。同时，他非常聪明且记忆力超群，可以及时发现问题，并将自己看到的和检测获取的信息，在自己的“大脑”中永久保存起来。巡检机器人拥有可移动的监控平台，可实现区域的全覆盖、主动监测；多设备集成，有效降低设备的维护工作量和维修成本；可通过伴随巡检和定位技术，减轻工作负荷，保障作业人员安全；无缝对接智慧城市建设，提升管廊运维的智慧化水平和综合效益。巡检机器人的出现对城市综合管廊的智慧化发展有着重要的意义。

第3章　主体结构维护

3.1　总体要求

3.1.1　一般要求

（1）综合管廊维护必须保证综合管廊土建工程安全稳定、附属工程工作可靠。

（2）综合管廊维护管理的专业性强、技术难度高、涉及面广，维护工作应由具备相关专业资质的维护单位承担，并且维护作业人员必须按规定持有相应专业、工种的执业资格书或上岗证书。

（3）综合管廊宜采用安全、可行的技手段，实现对主体结和附属工程的各个系统的自动检测，实时掌握其运行状态。

（4）综合管廊宜建立维护管理信息系统，对设施运行状态、维护过程信息、系统安全情况等进行动静态相结合的管理。

（5）由于综合管廊属地下隐蔽设施，为避免外界施工对综合管廊造成不良影响，应设立设施保护区，以确保综合管廊的安全。需在设施保护区内开展施工作业等活动的，应与综合管廊管理单位联系，经协调同意后方可实施。

（6）由于综合管廊内敷设的公用管线众多，为保证综合管廊的正常运行秩序，敷设在综合管廊内的公用管线的权属单位应按年度编制维护计划，报综合管廊管理单位并经协调平衡后统一安排公用管线的养护时间，公用管线权属单位应严格按照统一安排的维护时间实施所属管线的养护、维护和接入施工作业。在施工作业期间，必须服从综合管廊管理单位的管理，并按相应的技术规程要求作业。

（7）综合管廊维护应选用合格、适用的材料与配件，并采用新工艺、新材料、新方法，不断提高维护水平和设施性能。

（8）凡依法需要计量检定的仪器仪表，包括附属工程各系统所属的仪器仪表和维护使用的仪器仪表，应按有关规定进行定期计量检定。另外，为了保证各系统维护的需要，从事综合管廊附属工程维护单位应储备一定数量的设施设备易损件或与有关产品厂家、供应商签订相关合同。

3.1.2　维护内容

1. 日常养护

日常养护是对综合管廊进行预防性、经常性和周期性的维护，主要有常规保养、检查与检测等内容。在日常养护中应全面做好养护记录，定期进行养护记录数据分析，编制综合管廊设施设备运行状态的专项报告和年度报告。

（1）常规保养

常规保养是对综合管廊设施设备进行的周期性巡检、保洁、保养和维修。常规保养主要工作内容包括：

1）对各类设施设备的工作状态、综合管廊的环境状况进行巡视，并据实记录。

2）室内外环境和设施设备的保洁。

3）综合管廊土建工程和附属设施细微缺损和裂缝的修补修复。

4）金属构件的除锈、防腐以及连接件的紧固。

5）集水坑、工作井积水和淤泥的清排。

6）计算机和通信系统的日常数据设置。

7）计算机网络系统的安全维护。

8）蓄电池的定期充放电试验和保养。

9）监控中心机房及机房设备和设施的保养。

10）附属工程中机械设备、部件的保养。

11）常用设施和备品备件的常规保养。

12）其他必要的常规保养。

（2）检查

检查是对综合管廊设施设备定期进行的基本技术状况检查。定期检查与测试的主要工作内容包括：

1）综合管廊的基本技术状况的全面检查。

2）根据综合管廊的质量状况，针对特定部位、技术参数进行应急和专门检查。

3）机房环境测试和调整。

4）供电和接地设备的测试和调整

5）计算机系统和计算机网络参数与性能的测试和调整。

6）各类现场设备的测试和调整。

7）视频图像质量的评判和调整。

8）其他必要的检查和测试。

（3）检测

检测是对综合管廊设施设备定期或不定期进行的专项技术状况检查、系统性功能试验和性能测试。其中，软件与数据维护的主要工作内容包括：

1）系统软件维护：及时安装系统软件补丁程序或进行软件升级。

2）应用软件维护：对应用软件运行中的缺陷、与实际运行要求不相适应等情况，及时进行修复。

3）数据维护：对各种数据和其他媒体记录进行维护和备份。

2. 小修工程

小修工程是以保障综合管廊正常运行为原则，采用定期轮修和重点检修的方式，对达不到技术要求的设施设备以及部件进行必要的维修或更换。小修工程应体现预防为主的原则，按照综合管廊各种设施设备的不同技术特征，通过对日常养护检查检测数据的分析，判断其运行质量状况和发展趋势，作为安排小修工程的依据。

小修工程主要内容包括：

（1）综合管廊土建工程结构部件一般缺陷的修复。

（2）综合管廊附属设施缺陷批量整修，如除锈、油漆等。

（3）附属工程相关设备的各种易耗品、易耗部件定期或按需更换。

（4）个别经测试达不到技术要求设备的维护或更换。

（5）已损部件的修理或更换。

（6）系统其他必要的维修。

小修工程应根据综合管廊设施设备的不同类型和技术特征，参照相应的技术规范组织实施。对于重要设施、设备和部件的小修工程，应按照工程项目组织实施，包括前期方案设计、过程质量控制和测试验收等工作内容。

小修工程管理主要内容包括：

（1）项目前期管理：根据需要提交小修工程的专项技术设计方案（含软件升级方案）、施工组织设计、项目监理方案等资料报审。

（2）实施过程管理：根据上述批准的方案要求，对小修工程项目的质量、进度、安全等进行控制，同时做好项目的测试、验收以及过程资料的管理工作。

（3）项目后期管理：包括项目竣工资料归档、设备（备品备件）台账修改以及根据需要组织专项培训等。

3. 应急抢修

应急抢修是在综合管廊设施设备发生故障时，以快速处置设施设备故障和全面恢复其功能为目的进行的维护工作。

由于突发事件对综合管廊和公用管线的安全运营造成较大影响，因此对于火灾、重要设备故障、管线损坏、灾害性天气等突发事件应加强事先的预防管理，如加强对应急预案、应急演练、应急抢修和事后完善恢复等方面的管理，通过预案对处置责任人、处置程序、应急措施和报告制度等内容予以明确，可以最大限度地减少突发事件对综合管廊和公用管线安全运营的影响。

应急预案应根据综合管廊运营和管理特点，按照设施设备技术特征分类制定，具体落实设施设备故障处置作业人员和处置技术方案。处置技术方案宜包括故障定位方法、故障处置作业步骤、故障设施设备的快速功能恢复方式等内容。

综合管廊设施设备应急抢修的要求包括：

（1）在综合管廊设施设备故障应急抢修中，必须按照相应故障设施设备的技术特征，参照相应的技术规程和操作手册进行作业，防止因不规范作业导致故障扩大。

（2）在应急抢修处置中需要使用工程作业时，抢修处置作业应参照设施设备类型相关的工程技术规范标准实施，作业完成后应按相关技术规程要求进行测试和验收。

（3）综合管廊设施设备的应急抢修涉及管廊敷设的公共管线时，必须及时联系公共管线权属单位，协同处置。

当综合管廊设施的运行质量达不到要求时，或系统功能和性能无法满足应用和管理要求时，无法用维护手段克服，故需安排大中修工程或设备更新、专项工程予以解决。启动大中修工程、更新或专项工程的依据是日常养护过程中记录的设施设备运行状态数据和分析报告，及针对设施设备运行状态的专项检测报告。

综合管廊主体结构应定期进行检查与检测，并根据检查与检测专项报告的意见编制大中修项目计划；其他设施设备应根据其功能、性能以及运行质量，并结合设计使用年限或产品设计使用寿命组织实施大中修、更新或专项工程。综合管廊部分设施设备建议使用年限可参考表 3-1。

综合管廊部分设施设备建议使用年限表　　表 3-1

序号	设备种类	使用年限	备注
1	供配电设备	25	可参照设计使用年限或产品设计寿命
2	电力电缆线路	25	
3	一般电气设备	15 ~ 20	可参照设计使用年限或产品设计寿命
4	机械设备	15 ~ 20	可参照设计使用年限或产品设计寿命
5	金属部件与金属管线	16 ~ 20	
6	计算机及通信设备	8 ~ 10	可参照设计使用年限或产品设计寿命
7	通信线路	25	
8	其他弱电设备	4 ~ 8	可参照设计使用年限或产品设计寿命
9	消防设备	10 ~ 15	可参照设计使用年限或产品设计寿命
10	消防器材	5 ~ 10	现行国家标准《建筑灭火器配置验收及检查规范》GB 50444

3.2 主体构筑物

综合管廊土建工程包括钢筋混凝土构筑物、附属设施、管线引入及地面设施。构筑物是指综合管廊的主体结构，包括混凝土管段以及与综合管廊承重结构相连成为整体的变电室、监控中心等建筑；附属设施、管线引入及地面设施是指为满足综合管廊使用功能，在管廊内部设置的桥（支）架、排水设施、通风口、投料口和爬梯、栏杆等设施，以及管廊内外的预留孔、预埋管、工作井、路面的井口设施等。

主体构筑物中钢筋混凝土结构的检查内容为变形、缺损、裂缝、腐蚀、老化。对于主体结构出现的病害应根据不同的程度作相应、及时、有效的处理。

3.2.1 钢筋混凝土管段

1. 维护质量要求

（1）管段应结构完好，标志明显，外观清洁。

（2）管段应保持畅通，禁止堆物占用通道。

（3）管段内设施完好，定期检查通道出入口设施情况。

（3）管段不应有严重裂缝、变形、缺损、渗漏、腐蚀等病害。

（4）对于管段结构出现的病害应及时进行修复处理。

2. 维护内容及方法

（1）管段内结构表面应定期进行清理和保洁工作；日常保洁应干净、整洁，无垃圾和杂物碎片。

（2）发生管段沉降一般情况可不作调整；必要时，应对沉降数据分析后，再采取相应的加固措施。

（3）管段结构缺损应及时修补。

（4）缺损修复可采用环氧树脂砂浆或高强度等级水泥砂浆，出现露筋时应进行除锈处理后再修复。

（5）管段表面出现的细微裂缝应按表 3-2 处理。

管段裂缝处理表　　　　表 3–2

序号	裂缝宽度（mm）	处理方法
1	≤ 0.2mm 的细微裂缝	封闭处理
2	>0.2mm 的裂缝，但未贯穿	可做注浆加固处理
3	已渗水的裂缝	止水后封闭处理

（6）对管段出现的结构裂缝应及时修复，可采用环氧树脂砂浆修复，在强度不足时，可用碳纤维或粘钢等加固处理。

（7）结构变形缝止水带损坏可采用注浆止水后，再安装外加止水带方法处理。

（8）管段结构混凝土壁面的渗漏可采用混凝土渗透结晶剂的方法处理。

（9）管段内的集水沟、横截沟应保证畅通，不应有淤泥和堵塞。

（10）管段内的安全门应定期检查，遇有锈蚀、卡住等情况时应及时处理。

（11）管段内的应急照明应定期检查、维修、更换，确保通道照明。

3.2.2　变电室和监控中心构筑物

1. 维护质量要求

（1）构筑物结构不应有严重裂缝、变形、腐蚀等病害。

（2）对于构筑物结构出现的病害应及时进行修复处理。

2. 维护内容及方法

（1）定期进行清理和保洁工作。

（2）结构缺损应作及时修补。

（3）结构表面出现裂缝可按表 3-2 的处理方法处理。

3.3 附属构筑物

综合管廊附属构筑物包括桥（支）架、排水设施、通风口和吊装口（混凝土构筑物）以及爬梯、栏杆等。附属构筑物的维护应符合下列规定：

（1）附属设施应结构完好，并具有良好的使用功能。

（2）附属设施的饰面应保证清洁，定期作好保护工作。

（3）对于结构的损坏缺损应及时修复。

3.3.1 桥（支）架

1. 维护质量要求

（1）桥（支）架应每季度检查 1 次。

（2）桥（支）架表面完好，无锈蚀、油漆剥落。

（3）桥（支）架钢结构连接良好，螺栓无松动，构件无脱焊、脱落。

2. 维护内容及方法

（1）桥（支）架表面完好程度应每季度维护一次，维护方法为检查，敲铲油漆。

（2）桥（支）架钢结构连接完好，应每季度维护一次，维护方法为检查，紧固螺栓；如有松动、脱落应重新焊接、修复；化学锚栓松动，应另行补种。

（3）桥（支）架钢结构防腐应每 3 年维护一次，维护方法为油漆复涂。

3.3.2 排水设施

1. 维护质量要求

（1）综合管廊内的排水设施主要有明沟、集水井及格栅 / 盖板、管道等。

（2）排水设施应保证完好，无渗漏水；接口处、阀门处无漏水。

（3）排水设施应保证畅通，不应有淤泥和堵塞。

（4）集水坑格栅、盖板应完好、有效，周围的扶梯、栏杆应定期紧固螺栓，做好金属构件的防腐。

2. 维护内容及方法

（1）明沟检查应一月一次，检查后，破损处设嵌缝槽，嵌缝处理。

（2）明沟清理应按需清理，维护方法为清理、疏通。

（3）集水坑检查应一月一次，检查后，破损处设嵌缝槽，嵌缝处理。

（4）集水井格栅、盖板应每季度维护一次，检查后，破损应及时更换。

（5）集水坑清淤应半年维护一次，维护方法为池底淤泥清排处理。

3.3.3　通风口、投料口（混凝土构筑物）

1. 维护质量要求

（1）通风口、吊装口应结构完好，使用功能正常，外观清洁。

（2）通风口、吊装口不能堵塞，应保持畅通。

（3）通风口、吊装口的金属构件应牢固可靠，铰链等应正常转动。

2. 维护内容及方法

（1）日常保洁应一月一次。

（2）混凝土缺损修补应即时用环氧砂浆或高强度等级水泥砂浆修补。

（3）混凝土裂缝处理应即时处理，裂缝小于0.2mm可用环氧树脂封闭处理，大于0.2mm裂缝应灌浆处理，也可扩缝后再封缝。

（4）金属构件油漆、修复应即时检查修补已锈蚀、剥落的油漆；补焊已脱焊的构件；更换已缺损、失效的金属构件。

3.3.4　爬梯、栏杆

1. 维护质量要求

（1）通风口、吊装口应结构完好，使用功能正常，外观清洁。

（2）通风口、吊装口不能堵塞，应保持畅通。

（3）通风口、吊装口的金属构件应牢固可靠，铰链等应正常转动。

2. 维护内容及方法

（1）日常保洁应一月一次。

（2）固定构件油漆、修复应即时检查，修补已锈蚀、剥落的油漆；补焊已脱焊的构件；加固或更换已松动、失效的构件。

3.3.5　装饰层

1. 维护质量要求

（1）综合管廊装饰层应保持外观清洁和结构完好。

（2）对不同装饰层材料采取相应的养护方法，发现缺损及时更换。

2. 维护内容及方法

（1）日常保洁。

（2）装饰层缺损应及时修补；结点有损坏或不牢固应焊接并及时修补；结点有损坏或不牢固应焊接加固；压条翘起等及时更换。

（3）涂料层装饰层应立即修补，发生大面积脱落、风化或污垢严重时应表面处理后复涂。

（4）装饰层处的伸缩缝和沉降缝渗漏应即时进行堵漏处理。

（5）装饰层处的伸缩缝和沉降缝嵌缝脱落应即时维护，采用柔性材料，发生脱落、翘起和损坏时及时修复。

3.4 防渗堵漏

综合管廊防渗堵漏的主要内容包括对管廊内发生漏泥与漏水带泥情况及时进行堵漏处理；对变形缝止水带损坏造成漏水的应及时堵漏和修理；对由于结构变形严重而造成的漏水应及时进行处理；对因漏水影响综合管廊内设备正常工作时，应及时进行处理；对防水堵漏使用的材料，应经相关部门检验、测试、鉴定和有合格证明的许可。

1. 维护质量要求

（1）综合管廊内结构总渗水量应满足设计标准，如无设计标准，总渗水量必须小于 0.5L/（m^2· d）。

（2）局部渗水严重区域任意 100m^2 中的渗漏水点数须不超过 3 处，平均渗漏水量不应大于 0.05L/（m^2· d）。任意 100m^2 防水面积上的渗漏量不应大于 0.15L/（m^2· d）（地下工程防水等级 2 级）。

（3）防水原则应以堵为主，对结构复杂、变形严重段可采用引排方法，但须符合防水等级 2 级要求。

2. 维护内容及方法

（1）综合管廊管段接缝的堵漏

1）综合管廊管段接缝的漏水处理可采用凿宽缝隙、封堵内腔、柔性材料嵌缝、化学注浆处理。

2）小于 20mm 的接缝需进行扩宽，扩宽后嵌入半圆条或者 PE 泡沫条。

3）对接缝进行封堵，并安装注浆嘴。

4）通过注浆嘴进行注浆止水，注浆材料需采用聚氨酯注浆液及其他高分子注浆材料。

5）注浆完成待凝后，去除注浆嘴封堵注浆孔。

6）在接缝漏水处理完成后，需在表面做一道有机硅防水层或环氧玻璃布。

（2）结构裂缝、施工缝的堵漏

综合管廊结构裂缝、施工缝漏水处理需采用嵌缝法、堵塞法和注浆法。

1）嵌缝法

先凿槽，尺寸视漏水量大小而定，一般深 × 宽为 40mm × 30mm；根据渗漏水量大小选择止水方法，渗漏量较小时，可采用速凝水泥环氧胶泥直接填嵌，渗漏水量较大时，可采用引水方法后进行填嵌；待填嵌胶泥固化后，立即涂刷环氧底胶一道，厚度为 1mm 左右，在底胶要固化时再涂刷面胶一道。

2）堵塞法

堵塞法适用于水压较小的慢渗漏水处理；沿裂缝凿成八字形槽，深为 30mm，宽为 15mm，并用清水冲洗干净；把配置好的速凝水泥胶泥做成条状，待胶泥将要凝固时迅速堵塞于裂缝的沟槽中，挤压密实；堵漏完毕无渗漏后，再抹水泥防水砂浆底面各一层。

3）注浆法

注浆法适用于水压较大的漏水处理；沿裂缝凿成八字形槽，深为 35 ~ 40mm，宽为 20 ~ 25mm，并用清水冲洗干净；在槽内嵌入 PE 泡沫条，或者抽空内腔，封堵后安装好注浆嘴；采用注浆泵将化学浆液通过注浆嘴压入空腔内；待浆液凝固后，再在表面做一道有机硅或者环氧树脂防水层。

（3）管线引入预留孔的堵漏

1）综合管廊管线引入预留孔漏水处理可采用堵塞法和注浆法。

2）在管道与管廊墙体的间隙处先用柔性材料作填嵌。

3）用抽管的方法进行空隙处的内腔形成，并留出注浆嘴，用注浆泵进行注浆止水处理。

4）孔洞可直接用注浆管塞入孔洞内，然后用堵漏剂进行填孔封堵，完成后，再进行化学注浆。

5）综合管廊管线引入预留孔漏水也可采用将带有浆液的柔性材料堵在出水口，然后用堵漏剂进行封填，最后抹一层防水砂浆。

6）缆线检修、更换及新增缆线等作业后，引入预留孔处可采用缆线密封件密封防水。

（4）钢筋混凝土结构墙面渗水的堵漏

1）综合管廊结构墙面渗水处理可采用抹面法、渗透法和注浆法。

2）结构表面混凝土有轻微渗水可采用普通硅酸盐水泥中掺加外掺剂，拌匀后，抹在混凝土表面，反复抹搓多遍直至不见水印为止。

3）结构表面有少量渗水可采用混凝土结晶渗透剂掺水拌匀后，抹在经清洗湿润的混凝土表面，厚度为 30mm 左右。

4）结构表面有大面积渗漏水时，可采用注浆方法进行处理：

根据结构表面渗水情况，对于有大的出水点进行钻孔埋入引水管（注浆管），或者对结构表面进行单孔多眼布点成梅花形，孔距为 1 ~ 1.5m 为宜；对大面积渗漏水处理，可先引水，然后用速凝防水浆抹面，待凝固后，从引水管内注浆；严重的大面积渗漏水，可于壁后注水泥浆，然后注化学浆液封口，最后可做附加防水涂料或其他防水层。

（5）井接缝或止水带漏水处理

1）井接缝或止水带漏水可采用粘贴法、嵌缝法、外加止水带法和注浆法。

2）粘贴法处理变形缝漏水是用氯丁胶粘剂，把氯丁胶片粘贴在变形缝两侧混凝土基面上。

3）嵌缝法处理变形缝漏水可先将缝凿成深 8cm 的沟槽，沿接缝进行抽管成空腔，待凝后注浆止水，然后将环氧聚氨酯弹性密封膏嵌入槽内。

4）外加式止水带是在接缝的表面另安装止水带，将加工好的橡胶止水带或金属止水带用胶粘剂和螺栓安装在接缝两侧的混凝土上，在安装前需对接缝进行漏水注浆和嵌缝处理。

5）变形缝由于施工时止水带周围的混凝土不密实（常出现石子集中、漏振现象）或浇捣混凝土时止水带被破坏而产生漏水，对于这些漏水部位可采用灌注弹性聚氨酯和水溶性聚氨酯浆液注浆方法进行处理。

第 4 章　附属设施维护

综合管廊附属设施维护应包括消防系统、供电系统、照明系统、监控与报警系统、通风系统、排水系统和标识系统等。综合管廊附属设施维护应以系统为单位进行，按照系统关联特征分别从设备设施层面进行单体维护、从子系统和系统层面进行整体维护。各子系统、系统所涉及的软件和数据必须列入维护范围。由于不同品牌的机电设备的功能、结构存在较大差异，故综合管廊附属设施维护作业应按照产品说明书、设备和子系统、系统维护手册以及其他相关技术要求实施。

4.1　消防系统

1. 维护质量要求

（1）综合管廊消防系统的巡查、检测、维修、保养等维护工作的实施应符合现行国家标准《建筑消防设施的维护管理》GB 25201 的相关规定。

（2）检测技术要求与方法应符合现行行业标准《建筑消防设施检测技术规程》GA 503 的有关规定。

（3）综合管廊消防控制室的管理应符合现行国家标准《消防控制室通用技术要求》GB 25506 的有关规定。

2. 维护内容及方法

（1）综合管廊消防系统维护应包括火灾自动报警系统、灭火系统以及防火分隔、灭火器材等设施设备。

（2）综合管廊消防设施的频次应按照每周至少巡查一次执行。

（3）综合管廊消防系统应每年至少检测一次，检测对象包括全部系统设备、组件等，设备、组件如有异常，应及时修复。

4.2　通风系统

综合管廊通风系统包括综合管廊内的风机、通风口（机电设施）、风管、排烟防火阀，以及管理用房、设备用房的空调系统。其主要功能为保持综合管廊内部和管理用房、设备用房的温度、湿度和空气质量满足人员活动及设备运行的安全要求，同时还用作机械排烟设施。

4.2.1 风机

1. 维护质量要求

（1）保持电机运转平稳，无异味、异响等情况。

（2）保证叶轮表面清洁无损伤，运转无异响。

（3）保证机壳表面清洁无变形。

（4）保证机座安装稳固，支架、紧固件连接牢固无松动，无漏风。

（5）保证线路、端子连接紧固可靠，电机及机壳接地电阻≤ 1Ω。

（6）保证绝缘风机外壳与电机绕组间的绝缘电阻＞ 0.5MΩ。

（7）保证传动皮带轮与皮带轮保持在同一平面，传动皮带松紧适度，无磨损。

2. 维护内容及方法

（1）每日对风机进行试验，检查手动和自动启停是否有效。

（2）每日用设备监控计算机读取、检查电机的运行电压、电流值。

（3）每日观察、耳听风机运转声音是否正常。

（4）每日观察检查风机运行时的振动情况。

（5）每季观察并用表具测量检查线路配接情况。

（6）每季观察并用表具测量检查接地装置的可靠性。

（7）每季盘车检查盘动电机时有无异响。

（8）每季进行开关测试，测试保护装置是否有效。

（9）每季检查电机通风状况。

（10）每季检查传动皮带有无松动、磨损，如有松动、磨损，需进行更换。

（11）每季检查轴承皮带轮与电机皮带轮是否对齐，如未对齐，应进行调整。

（12）每年停运 24h 后用表具测量电机绝缘电阻。

（13）每半年清洁轴承，加涂润滑脂。

（14）每运行 2000h 对电机进行保养，清洁机构，加涂润滑脂。

（15）不定期风机解体，让生产厂商专业保养。

4.2.2　通风口、风管

1. 维护质量要求

（1）组件、部件安装稳固，无松动移位，与墙体结合部位无明显空隙。

（2）表面清洁，无积灰、蛛网、异物。

（3）组件无破损、锈蚀。

（4）通风畅通无异物阻塞。

（5）风管无漏风现象。

（6）电动百叶窗开闭良好，与火灾报警系统联动有效。

2. 维护内容及方法

（1）每日检查部件安装是否牢固。

（2）每日检查部件有无破损、锈蚀。

（3）每日检查通风是否畅通、漏风。

（4）每月对风道异物进行清理。

（5）每月观察部件是否紧固，如不紧固，需拧紧。

（6）每月用工具对部件校正。

（7）每月对锈蚀部位补漆。

（8）每月对风管焊点查漏。

（9）每月对通风口、风管进行试验，用监控计算机观测开闭电动百叶窗。

（10）每年对锈蚀紧固件进行更换。

（11）每年对破损及无法校正部件进行更换。

（12）每年对支架作全面防腐处理。

（13）每年观察风管，如有漏点，应进行补焊。

（14）每年对铰链、转轴润滑清洁。

（15）每年进行火灾报警联动测试电动百叶窗开闭，如有故障需修复。

4.2.3　排烟防火阀

1. 维护质量要求

排烟防火阀的检查检测的技术要求与方法应符合现行国家标准《建筑消防设施的维护管理》GB 25201 和现行行业标准《建筑消防设施检测技术规程》GA 503 的有关规定。

2. 维护内容及方法

（1）每月试车，进行电动、手动开闭测试。

（2）每年对表面作防腐处理。

（3）每年对铰链、转轴进行清洁、润滑。

4.2.4 空调系统

1. 维护质量要求

（1）日常

1）内、外机应外表清洁，安装牢固。

2）保证手动、遥控启停正常，制冷制热效果良好。

3）保证风管通风管道畅通无异物。

（2）换季不用时

1）保持机体干燥。

2）保持滤网无积尘。

3）以防电源、遥控器意外损坏，应拔掉电源插头，取出遥控器电池。

（3）重新使用时

1）需检查滤网是否清洁，并确认已经装上。

2）需检查蒸发器、冷凝器是否过脏，是否有必要清洗。

3）应移开室外机遮挡物体。

4）需确认遥控器电池电力状况。

5）需试机检查运行是否正常。

2. 维护内容及方法

（1）每月清洗过滤网。

（2）每半年更换遥控器电池。

（3）每半年清洗风道。

（4）每年请专业单位充装制冷液。

（5）每年请专业单位全面检查、保养系统。

4.3 排水系统

综合管廊排水系统包括管道、阀门、水泵、水位仪等设备，其主要功能为清排综合管廊内渗漏水、生产废水以及汛期排涝和应急抽水等。

4.3.1 管道、阀门

1. 维护质量要求

（1）管道应无裂缝、撕破、变形现象；油漆无脱落、无锈蚀。

（2）管子、管件、阀门及其接口静密封部位应无渗漏。

（3）相互连接的法兰端面应平行。

（4）支座的基础、砌体应结实牢固、砂浆饱满。

（5）阀门应开闭灵活有效，阀门压盖螺栓留有足够的调整余量。

（6）紧固件连接部位应无松动。

2. 维护内容及方法

（1）每月观察钢管、管件外表，对局部进行除锈、油漆。

（2）每月观察钢管、管件泄漏，对少量渗漏补焊或装夹具。

（3）每月观察防腐层、保温层，如有损坏局部修补。

（4）每月观察接口静密封泄漏，如松动、泄露，需接头拧紧或修补、更换填料，或调整法兰压盖。

（5）每月观察支、吊架，如松动、损坏则修补、加固。

（6）每月检查开、关阀门，清除垃圾及油污，加注润滑脂。

（7）每季检查金属管道，如有堵塞，需进行疏通，必要时更换。

（8）每季检查阀门的密封性和阀杆垂直度，调整闸板的位置余量；检查闸杆等零部件的腐蚀、磨损程度，发现损坏则更换或整修；清除垃圾及油污，并加注润滑脂；敲铲油漆（一底二面）。

（9）应每 3 年对金属构件进行油漆复涂。

4.3.2 水泵

1. 维护质量要求

（1）电机应转向正确，运行平衡，无异常振动和异声，运行电流和电压不超过额定值。

（2）应在规定的转速、扬程范围内运行。

（3）机械轴封机构泄漏量每分钟不超过 3 滴，普通软性填料轴封机构泄漏量每分钟不超过 20 滴。

（4）泵体连接管道和机座螺栓应紧固，不得渗漏水。

（5）潜水泵运行时应保持淹没深度，保持垂直安装，潜水深度在 0.2 ~ 0.3m 之间。

（6）停运时止回阀门关闭时的响声应正常，水泵无倒转情况发生。

（7）运行时，泵体、电机无碰擦和轻重不匀现象，各部轴承应处于正常润滑状态。

（8）水泵电动机引出线接头应牢固连接，接地装置必须可靠。

2. 维护内容及方法

（1）应在运行时检查水泵有无异响，如有异响应维修。

（2）在运行时测量或读取水泵运行电压电流值，有异常应维修。

（3）每月对潜水泵潜水深度进行检查，超标应调整水位仪。

（4）每月试车检查水泵负荷开关。

（5）每月检查水泵控制箱。

（6）每月检查连接软管，有松动或破损应紧固或更换。

（7）每季检查水泵安装强度和密封性，有松动、渗漏应紧固、调整。

（8）轴承应每季清洗、加注润滑脂润滑。

（9）每季清理叶轮异物，并进行清洗。

（10）每半年对水泵外壳除锈、防腐。

（11）每年用兆欧表测量水泵电机绝缘电阻。

4.3.3 水位仪

1. 维护质量要求

（1）外观应无破损、进水。

（2）水位信号应反馈正常，开关泵及水位报管有效。

（3）安装应稳固无卡死或障碍物阻挡。

（4）接线应牢固，导线连接良好。

2. 维护内容及方法

（1）每月检查外观，损坏则修复或更换。

（2）每月检查信号反馈，不正常则调整。

（3）每月检查安装稳固性，不正常则调整。

（4）每月检查接线，不正常则调整。

（5）每季对水位仪进行调整、功能检查及校验。

4.4　供电系统

综合管廊的供配电系统维护应包括中心变配电站、现场配电站、低压配电系统、电力电缆线路和防雷与接地系统等。

4.4.1　变配电站

1. 维护质量要求

（1）变配电站房设施保持整洁、完好，不得有积水、漏水、渗水现象。内部灯光、排风设施应保持正常，自然通风要保持良好。

（2）变配电站房的附近环境不得有腐蚀性气体，站内外不得堆放各种易燃易爆物品，不得有积水现象。

（3）变配电站房内的安全用具高压验电笔，接地线，绝缘垫、鞋、手套、木（竹）梯、标示牌、灭火器材等必须配置齐全，对绝缘安全用具应按规定定期进行耐压试验。

（4）变配电站内各电气设备、冷却设备、照明设备、控制设备及辅助设备均应保持完好、可靠。

（5）电能供给与分配必须做到电压的稳定性、分配的合理性及运行可靠性。

（6）变压器等电气设备的测试应按规定周期对变压器等电气设备进行测试、检验；设备检修后，应经验收合格，才能投入运行。

（7）电气设备如有变更，应及时修正档案资料，资料与设备系统线路实际情况必须符合。

（8）变配电站的供电质量应符合现行国家标准《电能质量 供电电压偏差》GB/T 12325 的有关规定。

（9）按现行行业标准《电力设备预防性试验规程》DL/T 596 的规定，对变压器、互感器等设备进行定期预防性试验。

（10）每日对供电系统运行状态进行观察，检查是否有异响、异味、异常读数等现象，并做好运行工作记录。

（11）对高低压电气设备、干燥剂、冷却装置、仪器指示、信号灯各项内容进行周期检查，并作好记录。

（12）在特殊情况下，如阴雨、潮湿、雷雨、高温、强冷气候应进行特殊检查（包括定期夜间检查），并作好记录。

（13）变配电站房、场地定期保洁，需清除场地垃圾、门窗灰尘，及时处理电缆沟槽积水，保持站房整洁。

（14）电气箱柜、仪器定期保洁，需清除表面浮灰、油污，确保箱柜、仪器整洁。

（15）停电保洁时必须切断电源，检查可能带电的部位，确认停电范围，并按照电业安全操作规程做好其他安全防护措施。

2. 维护内容及方法

（1）干式变压器、半地埋干式变压器

1）每日对变压器的温度进行检测检查，调整负载平衡，检查温度控制器。

2）每日对变压器的气味及声音进行嗅、听判断，如有异常应及时进行检修。

3）对风机的维护应一月一次，试验检查其是否完好，能否正常运行，如有损坏，应更换易损零部件。

4）对变压器、风机每月进行一次保洁。

5）每半年对示温蜡片进行绝缘检查，紧固接点，负载调整。

6）每半年检查各固定接头是否有松动，如有松动，应对接点进行紧固。

（2）真空断路器

1）每半年检查真空断路器结构固定是否松动，外表是否清洁完好，如有松动或不清洁，应对其进行紧固、保洁。

2）每半年检查电气连接是否可靠，接触是否良好，如电气连接接触不良，应对其进行调整、紧固。

3）每半年检查操动机构的联动是否正常，分合闸状态指示是否正确，如操动机构的联动发生异常，分合闸状态指示不正确，应检查易损部件，适当注入润滑油。

4）每半年检查绝缘部件、瓷件是否完整、缺损，如有缺损，应检查、清除绝缘表面尘土并更换部件。

5）每年对真空灭弧室情况进行工频交流耐压试验，试验合格即可。

（3）负荷开关

1）每月对套管和支持绝缘子是否清洁、有无裂纹及放电闪络 的现象进行检查。

2）每月检查负荷开关有无异常声响和异常气味，如有异常，则检查静触点与动触点接触是否良好。

3）每月检查连接点有无过热变色、腐蚀现象，如连接点有过热变色或腐蚀现象，则紧固松动的螺栓、接点。

4）每半年检查动、静触头的工作位置是否有异常情况，如有异常，需停电检查，并调整三相不同期状态。

5）每半年检查测试接地线连接是否可靠、完好，如有损坏，应调换接地线。

6）每半年通过停电分、合闸判断操作传动机构零部件是否正常，如有异常，需调整机构、检修易损部件。

（4）隔离开关

1）每月检查套管和支柱绝缘子是否清洁、有无裂纹及放电现象，对于不清洁的套管和支柱绝缘子定期保洁，并调换不合格的绝缘子。

2）每半年停电检查三相接触是否良好、可靠，并调整三相不同期状态。

3）每半年通过停电分、合闸判断操作传动机构是否正常，如有异常，需调整机构、检修易损部件。

4）每半年检查接地是否可靠、完好，如有损坏，则需紧固接地螺栓或加设接地板、调换接地线。

（5）高压熔断器

1）每周检查熔断器瓷体外壳有无裂纹、污垢，如有裂纹或污垢，需停电保洁或调换部件。

2）每周检查各零部件是否正常、有无松动，如有异常，需紧固接线座螺栓。

3）每半年停电检查判断母线接触部分是否紧密良好，如有松动，需对触头座管夹弹性调整、调换。

（6）10kV 配电柜辅助元件及连锁装置

1）每日检查带电显示器显示状态是否正常，对应比较判断，分析异常显示状态的原因。

2）每日检查工作位置指示灯是否正常，如有异常，需检查辅助开关及回路。

3）每日检查分、合闸指示灯是否正常，指示是否正确，如有异常或指示不正确，需转换开关及回路。

4）每半年检查“五防”装置是否完好，动作是否有效，如装置受损、动作无效，需检查机械连锁装置和电磁连锁装置及回路。

5）每半年检查接地开关是否完好，需检查传动机构有无阻、卡现象，有无锈蚀，适当注入润滑油，保证接地可靠。

6）每半年柜体外壳、接地是否完好。

7）每半年检查柜体内是否整洁，如柜体内不整洁，需对柜体内及电气装置除尘。

（7）直流配电屏（盘）

1）监视灯指示是否完好，如有损坏，需调换指示灯或二次回路检修。

2）每日检查继电器是否掉牌，如有掉牌，需恢复系统正常，将掉牌复位。

3）每月检查光示牌指示灯是否完好，可用试验按钮检查，如有损坏，可换指示灯或二次回路检修。

4）每月检查充电设施运行是否正常，可用万用表检查，根据设备技术资料要求调整。

5）每月检查浮充电流是否适宜，可用万用表检查，根据设备技术资料要求调整。

6）每月检查电池电压是否正常、完好，如有异常或损坏，需检查蓄电池组运行状态，处理受腐蚀及松动的接点，测量蓄电池电压，调换已损坏的电池。

7）每年用绝缘电阻测试仪测量直流系统绝缘电阻，对直流设备的线路进行测试。

8）每年检查各表指示值是否正确，如有误，需校对指示值的正确性。

（8）电容柜

1）每日表具观察三相电流是否平衡，可表具观察，检查三相电流、熔断器、电容器。

2）需每日表具观察功率因素表读数是否在允许值内，检查手控与自动补偿切换装置，控制线路、表具等。

3）每季检查电容器外壳是否鼓胀、渗油，示温蜡片是否融化变色，如电容器外壳鼓胀、渗油或示温蜡片融化变色，需更换电容器。

4）每月观察绝缘子是否有闪络痕迹，有无积尘，如有闪络痕迹或积尘，应更换电容器或对其保洁。

5）每年停电检查手控、自控装置回路、放电回路、绝缘、接地、构架、外壳等是否完好，进行清洁、紧固、测试、防腐等维护。

（9）低压配电柜

1）每月清洁配电屏。

2）每月对电器仪表外表清洁，保证其显示正常、固定可靠。

3）每月检查继电器、交流接触器、断路器、闸刀开关，保证外表清洁，触点完好，无过热现象，无噪声。

4）每月检查控制回路，保证其压接良好、标号清晰，绝缘无变色老化。

5）每月检查指示灯、按钮转换开关电容接触器良好，电容补偿三相平衡，电容器无发热膨胀，接头无发热变色。

6）每月检查电容无功补偿，保证电容接触器良好，电容补偿三相平衡，电容器无发热膨胀，接头无发热变色。

7）每半年检查母线，保证其排压接良好，色标清晰，绝缘良好。

8）每半年定期检查接地装置，确认柜体外壳、接地是否完好。

9）每半年检查柜体内是否整洁，如不整洁，需对柜体内及电气装置除尘。

（10）低压断路器

1）每半年检查低压断路器结构固定是否松动，外表是否清洁完好，如有松动或不清洁，需对其紧固、保洁。

2）每半年检查电气连接是否可靠，接触是否良好，如电气连接不可靠，接触不良，需对其调整紧固。

3）每半年检查操动机构的联动是否正常，判断分合闸状态指示是否正确，如有异常或不正确，需检查易损部件，适当注入润滑油。

4）每半年检查绝缘部件是否完整、缺损，如有缺损，清除绝缘表面尘土、更换部件。

4.4.2　电力电缆

1. 维护质量要求

（1）维护人员应全面了解供电系统中的电缆型号、敷设方式、环境条件、路径走向、分布状况及电缆中间接头的位置。

（2）电力电缆线路运行严禁有绞拧、压扁、绝缘层断裂和表面严重划痕缺陷，保证具有足够的绝缘强度，电缆线路的运行温度不得超过正常最高允许温度。

（3）测量电缆线路绝缘电阻应将断路器、用电设备及其他连接电器、仪表断开后才能进行。

（4）10kV 电缆线路停电超过 1 个星期及以上应测其绝缘电阻，合格后才能重新投入运行；停电超过 1 个月以上，必须作直流耐压试验，合格后才能投入运行。

（5）0.4kV 低压配电线路不得随意提高线路用电设备的容量。必要时应查阅相关技术资料，在符合线路技术参数的条件下才能进行。

（6）更换电力电缆线路应符合设计要求，并做好归档记录，以便查阅。

（7）电力电缆的预防性试验应符合现行行业标准《电力设备预防性试验规程》DL/T 596 有关规定；

（8）直流耐压试验电压标准、泄漏电流控制标准、安全运行条件应符合现行国家标准《电气装置安装工程　电气设备交接试验标准》GB 50150 有关要求。

（9）24h 值班的变电站应每班检查 1 次，无人值班的变电站应每周检查 1 次。

（10）对各种不同方式敷设的电缆线路所处的运行环境、地表情况、敷设状况等进行定定期检查，每月至少 1 次。

（11）遇有异常气候或外力侵害等特殊情况，应根据需要作特殊检查。

2. 维护内容及方法

（1）电缆定期维护

1）每季检查电缆线路标桩是否被埋没、缺损，如被埋没或缺损，需清理被埋没的电缆标桩或重新设置标桩。

2）每季检查沿路经过的地面上是否有堆放重物及临时建筑物，如有堆放重物及临时建筑物，需及时联系有关单位，清除重物及建筑物。

3）每季检查电缆有无受到开挖、新建工程的影响，如有影响，需及时联系有关单位，做好管线安全措施。

4）每季检查地表有无明显塌陷，如有塌陷，需填充、加固基础，保证线缆敷设稳定。

5）每季检查管口护圈是否脱落，缆线绝缘层是否破裂，如有管口护圈脱落，需缆线绝缘层包扎防护处理；如缆线绝缘层破裂，需对缆线绝缘层包扎防护处理。

（2）沟道及桥架敷设电缆

1）每季检查沟道盖板是否齐全或损坏，如有缺损，需合理配置，修复缺损的盖板。

2）每季检查沟槽、井是否有明显积水及杂物堆积，如有明显积水及杂物堆积，需封堵管口、清除集水井淤泥和杂物。

3）每季检查电缆桥架底、盖是否锈蚀，需对其进行除锈、防腐处理调换严重锈蚀的构架。

4）每季检测电缆线是否有明显老化、绝缘性能降低现象，根据测试结果，按标准规定更换电缆。

（3）运行电缆安全载流量及接点检查

1）每日检查电流表指示值是否有异常变化，如有异常，需调查负载、检查中间接头或测量绝缘电阻。

2）每季检查电缆端头接点有无过热、烧坏接点现象，如有过热、烧坏接点现象，需紧固接点或重做接头；测量绝缘电阻；调整负载。

3）每年检查接地线是否完好、有无松动现象，如有松动现象，需紧固接地螺栓。

（4）防雷及接地设施

1）维护质量要求

防雷及接地设施的维护应符合下列规定：

①接地装置应保证接地导线与接地极连接可靠，连接处无锈蚀；接地电阻符合工程设计或相关规范要求。

②因绝缘损坏或其他原因造成损坏，可能带有危险电压的设备应可靠接地。

③电气装置、电缆线路及各类电器、机电设备与接地干线连接方式应采用焊接（焊接处应做防腐处理）或螺栓压按方式连接；每个设备应单独与接地干线相连接，严禁在一条接地线上串接几个需要接地保护的设备。

④更换避雷器应尽量采用相同规格和型号的产品，避雷器的接口应与被保护设备接口一致。

⑤避雷装置构架不得挂设其他用途的线路（如临时照明线、电话线、闭路电视线等）以防止反击过电压引入室内。

⑥定期检查避雷器的使用情况，及时更换已损坏的避雷器。

⑦接地电阻的周期测量应在较干燥的季节进行。

⑧装于户外的避雷器应有良好的防雨、防尘措施。

⑨防雷及接地设施测试项目及接地电阻应符合现行行业标准《电力设备预防性试验规程》DL/T 596 有关要求。

2）维护内容及方法

①每半年对避雷器维护，对其进行常规检查（雷雨后加强）、维修。

②每半年检查电气设备与接地线、接地网的连接，如有松动，需及时将有松动的螺帽、螺栓拧紧固定。

③每年检查接地导线有无损伤、腐蚀、断股，如有损伤、腐蚀、断股，需按规定调换接地线或进行合理处理。

④每年检查接地干线安装是否牢固。

⑤每年用接地电阻测试仪测试接地装置接地电阻值。

4.5 照明系统

4.5.1 维护质量要求

（1）监控中心对照明的控制功能应完好，各分区手动控制功能应有效、可靠。

（2）综合管廊内常用照明设备应工作正常，满足安全巡查的要求，亮灯率应大于98%；平均照度不应小于10lx，最小照度不应小于2lx。

（3）应急照明供电电源转换功能须完好，照明照度不应低于0.5lx，持续供电时间不应小于30min。

（4）安全疏散照明设备必须工作正常，后备电池应工作可靠。

（5）监控中心、变电室照明应工作正常，照度一般不宜小于300lx，备用应急照明照度不应低于正常照明照度的10%。

（6）配电箱及照明灯具应可靠接地，接地电阻应符合工程设计要求。

4.5.2 维护内容及方法

（1）综合管廊内部照明系统由常用照明、应急照明和安全疏散照明组成。常用照明由分区照明配电箱供电；应急照明、安全疏散照明由分区动力配电箱供电。安全疏散照明灯具内须配置后备电池。综合管廊内部照明系统应定期进行检查，对应急照明系统进行功能试验，确保完好，如有损坏，应及时更换损坏设备和部件。

（2）每日在安全巡查时检查照明系统。

（3）每月对照明系统控制功能进行试验。

（4）每季对应急照明功能进行试验。

（5）每年对安全疏散照明后备电池进行试验，不符合要求时及时更换。

4.6 监控警报系统

监控与报警系统维护应包括监控中心机房、计算机与网络系统、闭路电视系统、现场监控设备、传输线路和通信系统等。

4.6.1 监控中心机房

1. 维护质量要求

监控中心机房维护技术要求应符合表4-1的规定。

监控中心机房维护要求表　　表 4–1

序号	项目	维护要求
1	值班制度	24h 值班。每日检查机房内各类设备的工作状态，并按规定填写工作日志
2	监测与报警	实时监测，有异常情况时能按要求发出声光等报警信号
3	机房环境	环境整洁，通风散热良好，温度 19 ~ 28℃，相对湿度 40% ~ 70%
4	公用设施	配置齐全、功能完好，满足维护工作需要，消防器材须经检验有效并定置管理
5	交流供电	供电可靠，电气特性满足监控、通信等系统设备的技术要求
6	UPS 电源	性能符合电子设备供电要求，容量和工作时间满足系统运用要求
7	设备接地	按相关规范和工程设计文件要求可靠接地
8	接地电阻	≤ 1Ω

注：为保障综合管廊安全运行，应对综合管廊相关设施设备的运行状态和环境状况实时监测，故需实行 24h 值班制度。

2. 维护内容及方法

（1）实时利用监控系统监测设备设施运行状态及管廊内环境参数，有报警及时妥善处置。

（2）利用温湿度计每日测量机房温湿度。

（3）每日巡视机房环境，保证无堆物、无积灰。

（4）每日巡视机房照明，发现损坏及时修理。

（5）对消防灭火器材定置观察并记录。

（6）每日对门禁系统功能进行试验。

（7）每季对交流供电电压、电流进行观察、记录。

（8）每季对设备外观进行检查、清扫。

（9）每季对 UPS 电源输出电压、电流、频率精度进行测量、记录。

（10）每季检查设备风扇及滤网，观察风扇运行情况，清洁风扇、滤网上的积尘。

（11）每年检查、清点机房内防尘、防静电设施。

（12）每年委托有资质单位鉴定消防灭火器材是否合格。

（13）每年对 UPS 电源蓄电池容量进行测量、记录，容量不足时更换。

（14）每年利用接地电阻测试仪测试接地电阻。

4.6.2 计算机与网络系统

1. 维护质量要求

（1）防火墙、入侵检测、病毒防治等安全措施可靠，网络安全策略有效；使用正版或经评审（验证）的软件；不得运行与工作无关的程序。

（2）经授权后方可按有关设计文件、说明书或操作手册要求维护，并予以记录。

（3）功能完好、工作可靠；CPU 利用率小于 80%，硬盘空间利用率小于 70%，硬盘等备件可用。

（4）性能良好、工作正常；打印机等外设配置满足使用和管理要求且工作正常。

（5）备份数据的存储应采用只读方式；存储容量满足使用要求，介质的空间利用率宜小于 80%；宜有操作系统和数据库等系统软件的备份；监控计算机的功能、数据存储空间应满足使用要求。

（6）系统软件的安全级别应符合现行国家标准《计算机信息系统 安全保护等级划分准则》GB 17859 的有关规定，管理功能完备。

（7）符合工程设计要求。

2. 维护内容及方法

计算机与网络系统定期维护内容及方法应符合表 4-2 的规定。

计算机与网络系统定期维护内容及方法表 表 4-2

序号	项目	周期	维护方法
1	服务器运行状态检测	实时	利用系统监测软件
2	应用系统运行状况	实时	系统监测
3	病毒、入侵报警	实时	查看工作站，发现报警随时处理
4	工作站终端设备性能检测	日	自检
5	设备 CPU、内外存利用率	日	利用系统工具查看
6	检查防火端日志	日	了解重大安全事件
7	存储设备功能及存储介质维护	月	查看利用率
8	抽查系统设备病毒状况	月	可安装杀毒软件，自动检查
9	服务器硬盘维护	月	利用系统工具，碎片整理等
10	服务器外设查看	月	光驱、USB 接口、其他接口
11	系统时钟	月	核对、校正

续表

序号	项目	周期	维护方法
12	工作站管理功能检测	月	各功能试验
13	统计报表打印、分析	月	检查能否正确打印
14	打印机维护	月	打印测试、机件润滑
15	主机系统安全扫描	月	全面评估报告
16	操作系统维护	月	分析、安装补丁程序或升级
17	数据库业务数据备份	月	增量备份
18	系统数据管理	月	查看
19	服务器用户管理	季	查看用户账号、权限
20	系统口令修改	季	按安全策略模板定期修改
21	设备风扇及滤网	季	检查、清洁
22	网络安全评估报告	季	服务器、工作站、其他设备
23	系统运行状况报告	季	提交报告
24	线缆和插接件	年	检查、处理
25	年度报告	及时	提交全面分析报告
26	防病毒软件	及时	升级
27	数据库及管理系统升级	跟踪	厂商服务
28	异常情况处理、系统优化调整内容	年	及时记录、分析，定期备份

4.6.3　闭路电视系统

1. 维护质量要求

（1）摄像机视距应符合工程设计文件要求。

（2）录像功能正常，图像信息存储时间应符合工程设计文件要求。

（3）变焦功能正常，摄像机镜头的变焦时间≤ 6.5s。

（4）切换功能正常，保证视频切换正确。

（5）移动侦测布防功能应符合工程设计文件要求。

（6）摄像机工作正常，防尘、防潮，防振动、防干扰功能有效，安装牢固，附件防腐措施有效，插接件连接良好，线缆无破损老化。

（7）编解码器工作正常。

（8）接地电阻符合工程设计要求。

2. 维护内容及方法

（1）每日观察监视器画面图像质量。

（2）每月试验录像功能。

（3）每月试验移动侦测布防功能。

（4）每月对摄像机视距检查，进行观察、调整。

（5）每月对变焦功能试验、观察。

（6）每月对视频切换试验。

（7）每年对镜头、设备清洁和除尘。

（8）每季对录像机清洁、调整。

（9）每年用综合测试卡测试图像水平清晰度。

（10）每年用综合测试卡测试图像画面的灰度。

（11）每年对摄像机安装强度定期检查，发现问题及时处理。

（12）每年利用接地电阻测定仪测试电阻。

4.6.4 现场监控设备

1. 维护质量要求

（1）ACU 箱应安装牢固，外观无锈蚀、变形。

（2）PLC 设备工作状态正常，性能和特性应符合综合管廊管理的要求。

（3）传感器工作正常。

（4）人孔井盖监控中心对井盖状态监测及开 / 关控制功能完好；开 / 关机械动作顺滑，无明显滞阻；手动开启（逃生）功能完好。

（5）UPS 电源输出特性指标应符合 PLC、传输等设备的供电技术要求。

（6）设备接地符合工程设计要求。

（7）现场状态异常时必须发出报警信号，并自动启动相应程序。

2. 维护内容及方法

（1）每日对现场设备巡查并观察工作状态。

（2）每月对 UPS 电源输出电压、电流进行测量、记录。

（3）每月对各分区轮流进行红外线防入侵系统试验。

（4）每月对人孔井盖开 / 关及报警功能试验，利用监控中心远程监视。

（5）每月对人孔井盖机械、电气部件养护试验，利用监控中心远程监视。

（6）每季对人孔井盖机械、电气部件保养、润滑，且半年更换液压油。

（7）每季对 UPS 电源蓄电池充放电试验。

（8）每年检查连接线缆、接插件，必要时应更换。

（9）每年定期检查设备安装强度，发现问题及时处理。

（10）每年利用接地电阻测定仪测试电阻。

（11）每年对温湿氧、有害气体检测仪检查校准，有损坏时及时更换，按厂家产品设计寿命年限更换。

（12）每两年更换 UPS 电源蓄电池。

4.6.5　传输线路

1. 维护质量要求

（1）光、电缆及光电缆的接头盒必须在综合管廊内的桥架上绑扎牢固。

（2）光缆全程衰耗应≤“光缆衰减常数 × 实际光缆长度 + 光缆固定接头平均衰减 × 固定接头数 + 光缆活接头衰减 × 活接头数”。

（3）光缆接头平均衰耗应≤ 0.12dB（双向测，取平均值核对）。

（4）电缆绝缘 a/b 芯线间及芯线与地间的绝缘电阻应≤ 3000MΩ/km。

（5）电缆芯线的直流环阻应符合设计要求。

（6）电缆线路不平衡电阻应不大于环阻的 1%。

（7）防雷接地应确保接地可靠。

（8）挂（吊）牌应保持标号清晰。

2. 维护内容及方法

（1）每季对尾纤（缆）、终端盒、配线架外观检查并定期整理。

（2）每年用 OTDR 测试光缆接头衰耗。

（3）每年用 OTDR 测试光缆全程衰耗。

（4）每年利用绝缘电阻测试仪抽测 10% 芯线进行电缆绝缘电阻测试。

（5）每年利用直流电桥抽测 10% 芯线测试电缆线路直流环阻。

（6）每年利用直流电桥抽测 10% 芯线测试电缆是否不平衡。

4.6.6　通信系统

1. 维护质量要求

（1）通信系统应工作正常，满足监控等系统的业务要求。

（2）网络安全应符合工程设计的规定，报警功能完好。

（3）通话应保证通信正常，通话清晰。

（4）IP 地址应符合系统运用要求。

（5）无线基站的发射功率和接收灵敏度应符合系统要求。

（6）基地台、手持台的发射功率和接收灵敏度应符合设计要求，天馈系统的驻波比应符合设计要求。

（7）设备应可靠接地，符合设备运用要求。

2. 维护内容及方法

（1）每日交接班时检查设备运行情况和网络运行数据记录。

（2）每日交接班时检查设备告警显示记录。

（3）每日交接班时检查网络安全管理日志。

（4）每日交接班时检查交换机的 vlan 表和端口流量记录。

（5）每月分析处理网络安全状态，发现遭到非法攻击时必须及时采取措施。

（6）每月对通话质量进行试验。

（7）每季对 IP 地址检查、核对。

（8）每季检查设备风扇和滤网，并对其清洁。

（9）每季按产品说明书操作，对告警性能进行测试检查。

（10）每季对设备进行清扫。

（11）每季统计分析告警记录和网络运行数据。

（12）每季测试无线设备发射功率和接收灵敏度。

（13）每季对手持机电池及充电器进行检查，如发现问题，需及时更换。

（14）每年用通过式功率计测试天馈系统。

（15）每年对连接线缆、接插件进行检查。

（16）每年用接地电阻测定仪测试接地电阻。

4.7 标识系统

4.7.1 维护质量要求

（1）标识系统的维护应按照设计要求与日常运行需求，保持各类标识、标牌安装牢固、位置端正、无缺损。

（2）标识、标牌更换时应选用耐火、防潮、防锈材质。

4.7.2 维护内容及方法

（1）综合管廊标识系统包括简介牌、管线标志铭牌、设备铭牌、警告标识、设施标识、里程桩号牌等标识、标牌。

（2）对于设置不合理的标识标牌，如高度，应重新设置。

（3）定期对标识进行检查，如发现标识已经被损坏，应及时加固和补充、更换。

（4）安装和制作好的标识应安排专人进行清洁保养工作。

4.8　其他维护质量要求及措施

4.8.1　维护质量要求

（1）综合管廊内管线引入处防水措施应有效，无渗漏水。

（2）综合管廊内预留孔与管廊结构结合处防水封堵应完好，无渗漏水。

（3）地面道路交通和周边路面施工对综合管廊设施无不良影响。

（4）管道径路上及工作井附近地面无沉降及损坏，无可能有损管道和工作井的堆物。

（5）工作井应符合下列规定：

1）主体结构应完好；井内壁饰层应完好，无脱落和明显缝隙；

2）已用管孔应有防水封堵，空闲管孔应用塞子封堵；

3）井内托架（板）应完好，各类管线应可靠固定、排列整齐；

4）井内无积水、杂物。

（6）地面井口设施应符合下列规定：

1）人井口、连接线井、地埋变井和自来水阀门井应封盖严实，井盖及井沿外观无损坏、变形；

2）投料口和通风口水泥盖板应铺设完好，钢格栅铺设整齐紧固，无破损、变形，水泥沿无破损；井口设施结构安装牢固，构件无缺损、变形；

3）水泵结合器井应封盖严实，吊环无损坏、变形、凸起，水泥盖板及水泥沿无破损，缝隙小于 10mm；如接出地面的，必须满足无锈蚀、无松动、表面清洁、旋盖活络、油漆无剥落等。

4.8.2　维护内容及方法

（1）管线引入及地面设施主要包括综合管廊内的预留孔，管廊外的预埋管、工作井以及路面的井口设施等。

（2）每日观察管廊内管线引入处防水措施，如有泄露，需及时封闭。

（3）每日观察管廊内预留孔防水封堵处，如有泄露，需及时封闭。

（4）每日观察地面道路交通和周边施工对管线造成的影响。

（5）每日观察地面沉降或路面损坏、堆物等对管线造成的影响。

（6）每日观察路面井口设施，如有破损及时修复。

（7）每季对工作井内积水与杂物定期清除。

（8）每年对工作井内线缆整理。

（9）每年对工作井结构及井内配件检查、更新、加固。

第5章　应急管理

5.1　应急管理的重要性

5.1.1　建立事故应急处理程序的必要性

综合管廊的利用中，最为重要的是确保安全。一般来说，我们把综合管廊利用过程中事故、灾害的潜在危险性称为综合管廊安全问题。综合管廊安全问题的种类与地上设施相近，但其特征及影响却存在很大的不同。

综合管廊在安全问题方面的一般特征如下：①由于地下设施规划是局部性容易产生死角。若死角多，则发生犯罪的可能性增大，而且一旦发生犯罪却很难发现。②因为避难方向朝上，出口就受到限制。这便增大了老年人和残疾人等群体避难的难度。另外，没有窗户等特定的逃生口，这使逃生的人群只能从限定的出口避难。③外部的灭火、救援活动很难进行。外部很难把握设施内的状况且不能利用云梯车和直升机等工具救援。④烟与热、有害气体、水等易堆积，排出较困难。综合管廊一旦浸水，将会造成很大的损失。燃气泄漏很可能引起爆炸，换气不足则很可能造成使用者缺氧、中毒。⑤易引起恐慌。管廊中若停电或弥漫烟雾，则会大大影响行人的视野，再加上空间的封闭性，很易造成恐慌。⑥与地上设施相比，灾害发生后就更难恢复。

随着城市综合管廊的快速发展，其运行特点决定了安全事故一旦发生，将造成严重的生命财产损失和环境的破坏。由于人为、自然、管理、设备本身等诸多因素，事故和灾害是无法完全避免的，事故的应急救援成为抵御事故风险或者控制灾害蔓延、降低事故危害的关键。而进行事故应急救援首先就要制定事故的应急处置程序，应急处置程序的有效性是通过应急演练来检验的。因此，对于突发事件的控制，应急处置程序的制定和演练是十分必要的。

对待事故积极主动的基本原则是事故发生前的预警、事故发生时的控制和事故发生后的善后处理。事故发生前的预警是指通过岗位风险辨识，识别出岗位风险，并落实风险防控措施，使事故或隐患控制在萌芽状态；事故发生时的控制是指采取措施使事故发生后不造成严重后果或者尽可能消减事故的危害程度；事故发生后的善后处理是指通过对事故原因、救援过程等进行分析，提出有效防范措施，改进应急处置程序，完善应急管理体系。建立应急处置程序的目的是指导对突发事件的紧急救援工作，控制事故的发展并尽可能地消除事故，将事故对人、财产和环境的损失降到最低程度。

法律对应急管理有明文规定和强制要求，《安全生产法》第三十三条规定，“生产经营单位对重大危险源应当登记建档，进行定期检测、评估、监控，并制定应急预案，告知从业人员和相关人员在紧急情况下应当采取的应急措施。”对于“未组织制定并实施本单位生产安全事故应急救援预案”，《安全生产违法行为行政处罚办法》中有“责令限期整改及停产、停业整顿”等规定。

建立事故应急处置程序是预防和减少事故损失的需要。管廊管理单位结合岗位基础风险辨识与控制活动，对每个岗位的岗位风险进行辨识，根据事故发生概率、危害程度确定风险级别，并制定风险防控措施，编制岗位应知应会内容，做到全岗位覆盖、全岗位教育，使管廊工作人员充分了解自身岗位风险和隐患，掌握风险防控措施，熟知岗位安全应具备的安全技能和知识。

在某省输油管道泄漏爆炸事故中，就暴露出了某些单位应急管理的漏洞，管廊管理单位需深刻吸取事故教训，以“基础风险辨识与控制”活动为契机，对风险程度较大的隐患，管廊管理单位通过三级层面建立完善应急处置程序，四级层面建立应急处置方案，对事故发生后的救援提出规范性的指导。

强化应急人员的日常培训和演练，保证各种应急救援资源处于良好的备战状态，而且可以指导应急救援工作按流程、步骤有序开展，防止救援行动因组织不力或救援现场秩序混乱而延误事故的应急救援，扩大事故的伤害和财产损失。应急处置程序对于事故发生后如何在现场开展应急救援工作具有重要指导意义。如果一个管理单位制定科学、合理、可行的事故应急处置程序，并进行必要的培训与演练，那么，一旦事故发生，在岗人员就不会因不知所措或现场混乱而延误事故的救援，就可以有效地避免事故扩大和惨剧的发生。

5.1.2 实施应急演练的必要性

仅有完善的应急处置程序是远远不够的，再完善的应急处置程序如果缺少演练，在事故发生时也不能充分地发挥作用。应急演练是检验、评价和保持应急能力的方法。

演练要合理编制演练计划，要结合季节、天气、生产特点等因素，在某一突发事件易发生时段开展演练，能使得演练效果更有成效性。如管廊在雨季汛期内，开展了洪涝灾害突发事件应急演练，有针对性地开展演练，能够提前检验应急水平，确保管廊整体应急处置能力。

通过开展应急演练，既可以使管廊工作人员熟悉应急处置方案内容、应急救援流程，掌握应急救援器材的使用和现场急救办法，能够检验和保障管廊工作人员的应急处置能力。能够有效提升管廊工作人员应急意识，使管廊工作人员认识到应急演练工作的重要性，提高管廊工作人员避免事故、防止事故、抵御事故的能力，提高管廊工作人员对事故的警惕性。

通过演练，可以充分检验应急处置程序的有效性，发现应急资源的不足，改善各应急救援小组之间的配合默契和协调性，增强管廊工作人员应对突发事故救援的信心和应急意识，提高应急人员的熟练程度和技术水平，进一步明确各自的岗位职责，不断完善应急处置程序，提升应急管理水平，提高全员应急处置能力。

近段时间，国内安全事故发生较多，给国家和人民生命造成了巨大的损失，所以对突发事件的预防不容忽视，应急处置程序制定和演练十分重要。

5.2　应急管理内容

5.2.1　城市综合管廊应急管理体系的建立

城市综合管廊具有逃生通道少、人员疏散困难、施救难度大等特性，这些特性决定了综合管廊事故灾难防范、应急管理情况更复杂，要求也更高，加之城市综合管廊灾难事故日趋频发，为我们寻求救援对策提出了必然要求。

（1）要高度重视综合管廊的应急管理。城市综合管廊要纳入正常的应急管理，不能成为应急管理的盲区。尤其是城市应急管理机构、综合管廊主管部门、综合管廊使用单位，更应高度重视综合管廊的应急管理，牢固树立“以人为本”的思想，以对人民群众生命财产安全高度负责的责任感抓好综合管廊应急工作落实，并逐步形成应急管理指导、应急管理监督和应急工作落实这样一个循续不断地推进综合管廊的应急管理。

（2）要加强综合管廊应急管理理论研究。城市综合管廊应急管理是个独立的领域，虽然和地面应急管理有着许多类同之处，但其独具的特性需要我们针对性地开展综合管廊应急理论研究，以解决综合管廊应急管理中存在的问题和应急处置中的难点问题，在使用科学的理论指导综合管廊应急管理的同时，通过理论研究，促进对综合管廊防灾减灾知识、自救互救常识的广泛宣传，提高综合管廊人员防护能力。

（3）要落实综合管廊应急管理责任。综合管廊应急管理要按照谁使用要负责应急管理的原则，做到效益与责任相结合。要通过法律、法规和规章来落实应急管理责任，明确使用单位为应急管理的责任主体，综合管廊主管部门为管理监管部门。同时，城市应急管理部门也要加强应急管理措施的指导与监督，确保责任落实到位、指导监管到位。

（4）要增大综合管廊应急防护与救援设施投入。综合管廊与其他工程相比具有一定的独立性，许多地面已有的应急预警、防护以及救援设施设备难以与其实现资源共享。综合管廊出入口相对狭窄，应急防护与救援设施必须独立建设。因此，需要有专项的资金投入，建立综合管廊专用的预警、防护、救援相配套的保障系统。而用于应急防护与救援的专项经费必须要有相应的标准来确保在建设过程中得到落实。

（5）要完善综合管廊突发事件应急预案。凡事预则立，不预则废。综合管廊的应急管理，在落实责任、完善设施的基础上，要针对综合管廊易发多发事故灾难的特性，制订相应的应急预案，组织开展相关演练，并通过演练进一步修改完善预案，使预案更切合应急需要，从而达到未雨绸缪，有备无患以及规范应急管理的目的。

5.2.2 加强综合管廊应急管理体系建设

城市综合管廊应急管理，应对的是综合管廊突发事件，具有很大的危险性和不确定性，且较之地面突发事件更加复杂，必须建立健全“三个体系”，提高“三个能力”，以此推进城市综合管廊应急管理的全面发展。

1. 健全组织体系，提高应急管理能力

（1）健全城市综合管廊应急管理组织体系，是加强城市综合管廊应急管理的基础，提高城市综合管廊应急管理能力的根本。在综合管廊管理部门建立综合管廊应急管理机构，实现综合管廊应急管理领导。要利用民防现有组织机构资源，健全综合管廊应急管理机构，并将防空防灾一体化建设的重要内容予以落实到位。

（2）在综合管廊使用单位建立应急管理小组，实现综合管廊使用与应急管理相结合。一般来说，使用单位相对熟悉和了解综合管廊的结构，易发现事故灾害的苗头，因此通过组建应急管理小组，明确责权，就可以有针对性地做好应急管理工作。

（3）由综合管廊使用单位建立应急处置小分队，提高应急处置的快速响应能力。由使用单位从一线岗位中精选人员组建应急处置小分队，并通过适时的实训演练，能够在综合管廊出现突发事件时，迅速由平时工作岗位转换到应急处置岗位，在对外报警的同时，一方面组织其他人员撤离综合管廊，另一方面迅速开展处置，遏止事件于萌芽状态或为应急响应赢取时间。

由以上三级机构组成的城市综合管廊管理组织体系，纳入城市政府应急管理机构的统一领导，形成一个城市综合管廊应急管理完整的组织体系，从而为提高城市综合管廊应急管理能力提供根本保证。

2. 完善预警体系，提高应急防范能力

城市综合管廊应急管理预警体系，是避免灾害发生，降低灾害危害的重要防线，是实现早期发现、早期处置、降低应急处置成本、提高应急防范能力的有效途径。城市综合管廊预警体系要有针对性和实用性，要针对综合管廊的特点和综合管廊多发灾害的预警需要，结合综合管廊的结构、性质和用途完善预警体系。

（1）建立预警的多种手段并用

针对不同灾害的特性，建立适应各类灾种的预警设施，如烟雾探头、空气质量侦测、视频监控等，实现多种手段的并用。在预警体系建设上，既要依靠科技成果在预警方面的运用，实现自动探测预警技术；又要发挥人的主观能动性，加强人员值班与现场巡查，实现人与技术的互补。

（2）建立全方位的预警体系

预警作为应急管理的一道重要防线，必须到底到边，不留死角，不存盲区。这不仅仅是指要配置布设合理的预警探测设施，还要建立预警发送系统，要能将预警信息快速传送到相关应急管理人员和现场员，通过语音广播、大屏文字显示、疏散路线提示等手段，建立全天候与全天立体式预警体系。

（3）建立防护救援体系，提高应急处置能力

综合管廊防护救援体系，是城市综合管廊实施工程减灾，防止灾害扩大、灾害次生和衍生的重要手段，是综合管廊人员的保命工程，建立防护救援体系是至善之心、至善之举，也是提高城市综合管廊应急处置能力的必然要求。首先要在工程设计上满足防灾抗毁需要。要在追求使用效率、美观的同时，全面考虑结构是否科学，是否利于防灾抗毁，在设计选材上要采用具有防火、防震、抗爆性自强的新材料，为综合管廊防灾减灾打下良好基础。其次要配置性能可靠的防护救

援设施。城市综合管廊防护救援设施配置，要以自动化设备为主，如灭火自动淋、自动转换的应急照明等设备。防护救援设备的配置，要做到标志醒目，取用方便。要适量储存防护救援物资。如遇毒气泄漏、地震、坍塌等灾害时，适量储存防护救援物资就显得非常重要了，诸如防毒面具或是毛巾（水浸湿可作为防毒面具替代品）、常用医救物资、被困待救必需的食品和饮用水等，都是关系到综合管廊灾害时能否实施有效防护、减少灾害损失的重要保障。

5.2.3 城市综合管廊应急预案

1. 火灾事故应急响应预案

火灾发生后，现场安全员要立即采取措施并通知值班员，现场施工人员要立即切断电源，控制通风等；火灾袭来时要迅速疏散逃生，不要贪恋财物；必须穿越浓烟逃生时，应尽量用浸湿的衣物披裹身体，用湿毛巾或湿布捂住口鼻或贴近地面爬行；身上着火时，可就地打滚或用厚重衣物等压灭火苗。

工程队应急领导小组要及时组织急救人员奔赴现场进行抢险。

（1）灭火组：负责灭火和火场供水等直接扑灭火灾的任务。

（2）通信联络组：负责向公安消防队报告火警、火场通信联络以及上报火情、下传命令，必要时通报当地急救中心、医疗、消防部门和友邻单位。

（3）疏散引导组：采取必要的防护措施组织人员迅速疏散。

（4）救护组：负责救人、疏散物资等；救援中要与灭火组紧密配合，共同作战。如果有人员受伤，根据情况进行现场包扎或立即送附近医院进行抢救，确保人员的安全。

在扑救现场过程中，应行动统一，如火势扩大，一般扑救不可能时，应及时组织撤离扑救人员，避免不必要的伤亡。同时应注意周围情况，防止中毒、坍塌、坠落、触电、物体打击等二次事故的发生。

2. 坍塌事故应急响应预案

（1）发现隧道内、深基坑基础、盾构施工中有塌方的迹象，应在危险地段设立标志及派人监守，并迅速报告现场负责人及时采取有效措施，情况严重时应将全部施工人员撤离危险地段。

（2）一旦发生坍塌事件，现场人员要立即采取有效的措施控制，并及时报告值班员，值班员要立即报告现场负责人，现场负责人立即报告工程队值班员，工程队值班员要及时报告组长、副组长。

（3）各小组成员要迅速行动。疏散引导组和救护组要以最快的速度，携带必要的装备和药品赶赴现场，组织现场人员及时撤离。同时，一方面立即疏散人员，抢救伤员并密切注意伤员情况，防止人员二次受伤；另一方面对土（石）体采取临时支撑措施或注浆加固措施，防止二次塌方伤及抢救者或加重事故后果。需外方协作时，通信联络组应及时通报当地急救中心、医疗卫生部门和友邻单位。

3. 火工品爆炸事故应急响应预案

若发生爆炸事故，现场人员应立即采取控制措施，控制事故扩大，使灾害限制在尽可能小的范围，并尽可能减少损失（对综合管廊尽量加大通风系统，并采取通风方式等来降低浓度）；及时报告现场负责人、领导小组，应急领导小组接到报告，应及时组织急救人员奔赴现场进行抢险。

4. 触电事故应急响应预案

（1）发生触电事件，要尽快断开与触电人接触的带电体，这是减轻触电伤害和实施紧急救护的关键和首要工作。如果现场人员没能有效切断电源，人员抢救组可依照以下办法实施第一步救援行动。

（2）切断电源，如果电源开关或插座就在触电者附近，救护人员应尽快拉开开关或拔掉插头。

（3）割断电线，如果电源开关或插座离触电地点较远，而电源线为明线，则可用带绝缘柄的工具割断导线，并将断口做好防护。

（4）挑、拉电源线，如果导线是断落在人身上或身下，并且电源开关又远离现场，救护人可用干燥木杆、竹竿等绝缘物将掉下的电源线挑开。

（5）拉开触电者，发生触电时，若身边没有上述工具，救护者可戴上绝缘手套或用干燥衣服、帽子、围巾等把手包缠好后，去拉触电人的干燥衣服，使其脱离电源。若附近有干燥木板或木凳时，救护人可将其垫在脚下去拉触电者则更为可靠。为确保安全，救护时最好只用一只手拉，切勿碰及触电者接触的金属物体或裸露的身躯。

（6）若触电者倒在地上并紧握电源线，则可用干燥的木板塞至触电人身下，使其与大地隔离，然后用绝缘器具将电源线剪断。救护过程中，救护人尽可能站在干燥木板上进行操作。

（7）触电者的紧急抢救。当触电人脱离电源后，人员抢救组应根据其临床表现、伤害程度，确定触电急救措施，并快速投入急救，若发现触电者呼吸或呼吸心跳均停止，则立即进行人工呼吸或同时进行体外心脏按压，要求心肺复苏坚持不间断地进行，包括送医院途中，坚持抢救直至伤者清醒或确定死亡时为止，不能随便放弃。

5. 电烧伤及救护应急预案

（1）电烧伤的分类

电接触烧伤：人体与带电体接触而形成的烧伤，其特点是人体皮肤及深组织，如肌肉、神经、血管乃至骨骼等都可能严重烧伤。

电弧烧伤：人体接触高温电弧时的烧伤，这类烧伤虽时间短，但温度高，故往往造成深度烧伤，甚至将人身或四肢烧断。

火焰烧伤：由电弧或点火花引燃衣服而造成烧伤，此类烧伤一般为表皮烧伤，但烧伤往往面积较大。

（2）电烧伤急救

发现电烧伤患者，首先按照上述方法脱离电源和急救。注意保护好受伤面，避免感染，在有条件时，应采用酒精及消毒灭菌敷料或洁净的衣物、被单包裹伤面，同时与医院联系，以便尽快将伤员送往医院治疗。

医院医护人员到位后，救护组要积极配合和协助其救护工作，适时将触电者送往医院进一步治疗。

6. 洪涝、台风、雷电事故应急响应预案

（1）遇有台风、暴雨、雷电等恶劣天气时，应立即停止室外作业，特别是深基坑作业，并采取可靠的防护措施，使排水系统畅通，抽水设施及设备及时布设到位。并安排专人昼夜进行值班，随时注意水情。

（2）当现场发生事故或出现险情时，现场人员要大声呼叫险情，并迅速报告相应的现场应急指挥长或通信联络组成员。并在确保自身安全和可以进行抢险救援的情况下，进行应急处置。

（3）当现场发生大雨、暴雨导致基坑积水发生基坑坍塌、设备损毁、人员淹溺等事故时，应由现场救援应急领导小组负责人统一指挥，进行现场应急处理。

（4）当现场因台风影响发生高大机械设备、临时建筑物及设施倒塌事故时，现场发现人员应迅速向应急领导小组组长进行报告，应急领导小组组长接到报告后，立即召集所有成员赶赴事故现场，并在对现场的地形、周边环境以及人员伤亡情况进行初步勘察和了解后，进行应急处置。

（5）当现场发生雷击事故后，现场发现人员应迅速向应急领导小组组长进行报告，应急领导小组组长立即召集所有成员第一时间赶赴事故现场，按照制定的应急救援预案，立足自救或者实施援救。

7. 高处坠落事故应急响应预案

一旦发生高空人员坠落，现场安全员应立即报告工程队应急领导组长、副组长，工程队应急领导组长应及时报告项目部应急领导小组办公室或调度室，项目部应急领导小组办公室在接到报告后，立即报告项目部领导并及时向附近急救中心联系，项目部应急救援领导小组在接到报告后立即前往现场察看，同工程队领导现场共同制定处理措施。

8. 燃气等有害气体中毒事故应急响应预案

若出现有害气体，施工人员要立即脱离现场，加强通风及吸氧，安全员应及时报告现场负责人，工程队应急领导小组接到报告后，按分工各负其责开展工作。指挥组负责现场协调及救援指挥工作；通信联络组负责各方面的联络任务，积极配合救护组要求的联络工作；疏散引导组组织人员疏散，疏散人员时要采取必要的防护措施；救护组组织人力进行抢救，视情况将伤员立即送往当地联系的定点医疗部门或请求医疗部门到现场进行抢救，确保人员生命安全。同时工程队应急领导小组组长将情况报告项目部应急领导小组办公室，项目部应急领导小组办公室在接到报告后，立即报领导小组组长并及时前往现场察看，同工程队领导现场共同制定处理措施。

9. 扩大应急响应

当所启动的应急响应级别无法满足事故的应急救援工作需要时，由现场应急救援总指挥负责向上一级应急指挥机构及属地政府应急管理部门报告，提请扩大应急响应级别。

5.2.4　保障措施

1. 通信与信息保障

（1）设立应急救援 24h 值守电话；

（2）项目部生产安全事故应急救援指挥机构通信录；

（3）安全事故主要接报单位及相关应急救援指挥机构通信录；

（4）项目部安全生产事故应急办公室，负责收集、研究和追踪国家以及各级政府相关政策，及应急救援最新信息和重大危险源、重大事故隐患等方面信息，负责组织、协调公司内、外部之间的应急救援工作的交流与协作。

2. 应急队伍保障

总指挥由项目经理担任，副总指挥由分管安全生产的领导担任，成员由各工程队、各部门负责人组成。应急救援办公室设在安全生产管理部。

3. 应急物资装备保障

材料库按规定配备工具、消防器材和工程材料，明确应急物资和装备的类型、数量、性能、存放位置、管理责任人及其联系方式，并定期由应急救援指挥部负责检查、补充，确保应急物资能够满足应急需要。

4. 经费保障

严格按照法律法规相关规定按时足额提取安全费用，专户储存，专项用于安全生产。设立安全生产风险抵押金，实行专户管理，专门用于企业生产安全事故后产生的抢险、救灾及善后处理费用。事故应急救援资金由总经理、财务部负责，保证应急资金按时足额到位，确保应急的顺利开展。

5. 其他保障

（1）医疗保障

重要场所备有一定数量的应急救援医疗设备，卫生室承担事故救援中的医疗任务，必要时请求外部医院支援。

（2）交通运输保障

各工程队所属车辆，随时准备调用。若车辆不足，可以雇用出租车和社会车辆，必要时由应急救援指挥部及时协调公安交警部门，对事故现场进行道路交通管制，并根据需要，开设应急救援特殊通道，确保救援物资、器材和人员及时运送到位，满足应急处置工作需要。具体事宜由综合办公室负责处置。

（3）治安保障

发生重特大安全生产事故后，后勤保卫部应按照应急救援指挥部的安排，迅速对事故现场进行治安警戒和治安管理，加强对重要单位、重要场所、重要人群、重要设施和物资的防范保护，维持现场秩序，及时疏散现场群众，同时请求地方公安部门增援。

5.3 应急抢修

应急抢修是为了预防、控制及消除紧急状态，减少管廊突发事件对人员伤害、财产损失和环境破坏而进行的计划、组织、指挥、协调和控制的活动，是一个工作协调性要求极高的动态过程。

近年来，随着我国综合管廊的快速发展，综合管廊规模日趋扩大。发展过程中必然伴随着安全隐患，对综合管廊的稳定运行造成威胁，这时，综合管廊管理单位发挥了应急抢修主力军作用，在抢修现场一旦发生损坏或故障，如果得不到及时修复，势必影响应急抢修行动，降低抢修效率。应急抢修是指在抢险现场运用应急诊断与修复技术迅速地对装备的故障或损伤部位进行修复。研究应急抢修的特点，加强应急抢修力量建设，掌握便捷的应急抢修方法，对于提升遂行任务时装备保障能力具有重要意义。

5.3.1　综合管廊应急抢修特点

应急抢修与平时修理相比有着显著差别。平时修理的目标是使装备技术状况完好，保持装备处于战备状态或能正常用于施工和训练，一般采取标准的维修方法，由有资格的维修人员利用规定的工具、器材及备件进行。修复时间是相对次要的因素。而抢险现场上的修复，时间是首要的因素，它并不要求恢复装备的规定状态或全部功能，有的情况只要求可自救，也不必限定人员、工具、器材等。其主要有以下 4 个特点：

1. 时效性

通常应急抢修时间紧迫，允许用于装备修复的时间比平时短。尤其是在某项任务必须使用特定装备才能完成的情况下，如不能短时间内修复，很可能错失良机，甚至引发不应发生的次生事故。

2. 复杂性

装备发生的损伤和故障随现场环境及维修保障条件而变化，使现场抢修预测困难。抢修环境可能导致装备损伤或故障率高，维修资源消耗多，另外，在某些高危的抢修环境中，维修人员的心理压力比较大，易造成维修中的差错增多。

3. 多样性

现场发生损伤或故障后，装备不一定能恢复到原有的规定状态，应视具体情况恢复到下列状态之一：使装备修复到平时的状态，能继续完成任务；使装备恢复主要功能，满足大多数的任务要求；使装备暂时恢复正常运转，在一段时间内仍能执行任务；使装备恢复适当的机动性，能够撤离现场，避免阻碍抢险。

4. 灵活性

应急抢修可以采用多种方法，既可以是现有规程上规定的修理方法，比如换件修理、原件修复，也可以是临时性的应急修理方法，诸如临时配用、拆拼修理、旁路和制作等多种应急手段。

5.3.2 应急抢修要求

（1）综合管廊设施设备的应急抢修工作应满足综合管廊安全运营要求，加强应急预案、应急演练、应急抢修和事后完善恢复等方面的管理。

（2）由于突发事件对综合管廊和公用管线的安全运营造成较大影响，因此对于火灾、重要设备故障、管线损坏、灾害性天气等突发事件应加强事先的预防管理，通过预案对处置责任人、处置程序、应急措施和报告制度等内容予以明确，可以最大限度地减少突发事件对综合管廊和公用管线安全运营的影响。应急预案应根据综合管廊运营和管理特点，按照设施设备技术特征分类制定，具体落实设施设备故障处置作业人员和处置技术方案。

（3）在综合管廊设施设备故障应急抢修中，必须按照相应故障设施设备的技术特征，参照相应的技术规程和操作手册进行作业，防止因不规范作业导致故障扩大。

（4）在应急抢修处置中需要使用工程作业时，抢修处置作业应参照设施设备类型相关的工程技术规范标准实施，作业完成后应按相关技术规程要求进行测试和验收。

（5）综合管廊设施设备的应急抢修涉及管廊敷设的公共管线时，必须及时联系公共管线权属单位，协同处置。

5.3.3 提高应急抢修能力的办法

抢修现场装备发生损伤和故障的复杂性、多样性，抢修的紧迫性、应急性，决定了它不能仅靠少数维修人员，不能仅靠常规的维修方法，也不能仅靠事先准备的物质资源。在应急抢修行动中，装备维修保障基本满足了抢修任务需要，积累了丰富经验，也蕴藏了一定应急抢修力量。但是这种力量还待开发和整合，以形成完整的应急抢修力量体系。

1. 制定预案

“凡事预则立”，搞好应急抢修预案是做好装备维修保障最重要的基础。根据不同任务的需要，预案的内容各不相同，一般地说主要包括应急抢修力量抽组，现场组织指挥程序，维修人员的培训，技术资料及其他保障资源的准备与筹措等。

同时，要充分考虑利用各种现场可能获得的人力、物力资源，并纳入预案中。

2. 组织与训练

根据综合管廊管理单位的任务和实际情况，建立适当的应急抢修组织，最重要的是明确有关部门在遂行任务时应急抢修的责任，组建应急抢修分队，平时保留经过训练有抢险现场装备抢修经验的骨干。要加强应急抢修训练，把应急抢修纳入部队的正常训练中，训练修理工和操作、掌握必要的应急抢修方法。如果不进行专门的训练就不可能在抢险现场上有效地应用应急抢修技术。应急抢修训练不单要练技术，还要练组织、练作风。

3. 战备储备

装备维修器材（备件、附属油料、维修工器具等）的储备应考虑遂行任务时装备维修保障的需要，而不应仅以平时消耗为依据进行增减取舍。要根据不同装备类型，制定适当的储备基数，在存储和管理上，应当采取模块化、箱组化的方式进行储备，将具有特定功能的维修器材集中存放，便于抢修快速进行。要严格战备储备的动用程序，做好定期检查，并与平时的供应维修器材适时转换，确保储备器材质量良好。

第6章　档案管理

6.1　总体要求

6.1.1　一般要求

1. 真实性

综合管廊档案是在地下管线工程建设活动中直接形成的具有归档保存价值的文字、图表、声像等各种形式的历史记录，保证历史的真实性，准确地反映工程建设活动和工程实际状况，是收集综合管廊档案的重要内容。

2. 完整、准确、系统、安全性

完整：是指要确保应该收集的文件、图纸全部收齐，防止文件、图纸在工程建设活动中散失。

准确：是指文件、图纸要准确反映综合管廊建设活动和管线埋设状况。对于更改、补充形成的文件材料要及时补充到相关的档案中去；竣工图要严格按照施工过程和竣工测量情况进行编制，并认真审核，确保图物相符等。

系统：是指要遵循综合管廊档案的形成规律进行收集，保持综合管廊工程形成的文件材料之间的有机联系，确保文件材料是一个有机联系着的整体。

安全：是指收集、积累工作中，要使文件材料尽量少受或不受自然因素和人为因素的损害；同时要做好综合管廊档案的保护工作。

3. 适时与及时

收集综合管廊工程档案，要适时、及时。为此，要掌握综合管廊工程建设程序与综合管廊工程文件形成的规律。

6.1.2　维护内容

档案维护内容包括档案的保管与存放、档案的鉴定等。

1. 综合管廊档案的保管

（1）档案保管工作的任务

综合管廊档案保管工作的任务有两方面：一是了解和掌握档案损坏规律，通过经常性工作，采取专门的技术措施，最大限度地防止和减少档案的损毁，延长档案的寿命，维护档案的系统性和完整性，保证档案的安全；二是采用科学的方法管理库房与排架，确保充分合理地利用库房空间，方便快捷地查找利用。

（2）档案保管的基本要求

综合管廊档案载体材料的主要成分是纸张等有机物，因此，安全保管的防护措施有多方面的要求，具体反映在温湿度控制、防霉、防光、防尘、防虫、防鼠、防磁、防火、防盗等方面。其解决的重点有三个方面，即库房建筑、设备配置和科学管理。

库房温湿度的调控是地下管线档案保护的中心环节，适宜的温湿度可以延长综合管廊档案的寿命，不适宜的温湿度是地下管线档案的百害之首。库房温湿度的控制以及防潮、防热可以通过库房建筑和温湿度控制设备来实现。温湿度控制好了，霉菌没有滋生的环境条件，自然就杜绝了档案霉变的发生。各种载体的综合管廊档案的保管对温湿度有不同的要求，具体指标见表 6-1。

档案保管环境温度、相对湿度范围　　表 6–1

	纸质档案	胶片、照片、档案	磁带、录音像磁带	电子档案
温度（℃）	14 ~ 24	13 ~ 15	14 ~ 24	17 ~ 20
相对湿度（%）	45 ~ 60	35 ~ 45	40 ~ 60	35 ~ 45

防光的措施有：档案库房应减少光通量，降低照明度，照明采用白炽灯外加灯罩。阅览、展览等都要防止阳光或有紫外线的光线直接照射，以防纸张变黄变脆，线条印迹逐渐消退。

防尘的措施有：用吸尘器清扫，库房门窗密闭，刮风天不宜用自然通风，机械通风进风口设置空气滤清器等，以防止灰尘摩擦纸张纤维，腐蚀档案材料。

防虫、防鼠：主要是经常保护库房的清洁，创造使虫鼠不能出现和繁殖的条件；对新入库的档案应进行杀虫处理；库房内严禁放置食品。

随着录音、录像和电子技术的发展，库房内储存磁带、磁盘、光盘等越来越多。为确保磁性材料的保管安全，有必要开辟专用库房和防磁柜保管磁性材料。

防火是库房管理的重要环节。首先，库房要建立严格的防火制度，如库房内严禁吸烟和使用明火等；其次，要配备必要的消防灭火器材，如安装烟火灾自动报警设备、各种灭火器、消火栓等；第三，必须定期检查健全消防预案和消防器材的管理和使用制度。

在安全防盗方面，库房要有一定的安全防盗的设备和设施，安装防盗报警器、监控系统等。

（3）库房与排架管理

1）库房管理

对库房及库内的档案柜、架进行合理的划分、排列与编号，对不同载体的档案实行分库（柜）管理。为便于管理和查找有关档案，可以编制库房、排架及各类档案存放索引。

2）排架管理

综合管廊档案在库内排列的方法基本上有两种：分类排架法和流水排架法。

分类排架，是按照本单位的档案分类方案，将档案按所确定的类目进行分别排列，每个类别内按入库的时间顺序依次进行排架。分类排架法实质是分类——流水排架，其档案的排架与档案的实体分类相一致。分类排架的优点在于方便调阅，但需要在库内预留各类的排列空间，且不可避免地会因某类档案存放空间不够而倒库。

流水排架，又称顺序排架法。这种排架方法就是不分类别，一律按综合管廊档案入库时间的先后依次进行排架。其优点是排架方便，不必预留空位，也不必倒架，库房组织简单，缺点是查找较为困难。

排架的编号一般自左向右编，具体的档案排列上架时，应按照自左向右、自上而下的顺序进行排列。

对永久保存的珍贵档案和绝密级档案，应实行重点保护，设置专库或专柜管理。这样既便于平时维护其安全，又便于发生突然事件时重点转移和抢救。

2. 综合管廊档案的鉴定

综合管廊档案鉴定就是根据一定的原则和方法鉴别综合管廊档案的历史和现实价值，确定综合管廊档案的保管期限，剔除没有或失去保存价值的综合管廊档案。

（1）鉴定工作的内容

综合管廊档案鉴定工作包括两方面的内容：一是整理鉴定，二是定期鉴定。

1）整理鉴定

整理鉴定是在综合管廊档案归档时对档案文件进行的一次鉴定，主要解决如下问题：

①对归档的综合管廊档案中文件的完整性和准确性进行鉴别、核实，保证归

档的综合管廊档案质量。

②鉴别文件材料有无保存价值，从而确定文件材料的取舍，剔除无须归档或无保存价值的文件材料。

③判定综合管廊档案价值的大小，据以确定保管期限的长短，对每个归档案卷划出保管期限。

整理鉴定一般由该综合管廊工程的档案员（专、兼职）、工程技术人员在本单位管理部门或管廊档案管理机构的指导下进行。

2）定期鉴定

定期鉴定是针对已经归档入库，并且保存了一定年限的综合管廊档案进行的鉴定，其主要解决如下问题：

①对已过保管期限的综合管廊档案重新进行审查，把失去利用价值的综合管廊档案剔除销毁；

②对原来划定的保管期限不当的综合管廊档案，重新进行价值鉴定；

③审查档案的机密等级，根据实际情况进行密级调整；

④鉴别、核对档案的准确性和完整性，做好相应的更改、补充工作。

（2）鉴定工作的实施

1）成立综合管廊档案鉴定组织

综合管廊档案鉴定组织包括领导小组和工作小组。

鉴定领导小组，一般由主管档案工作的行政领导、主管技术业务工作的技术领导、档案部门的负责人组成，负责综合管廊档案鉴定工作的领导、技术及业务指导和有关计划、规定的审批。

鉴定工作小组，一般采取有关领导、主要专业的工程技术人员和档案人员三结合的组织形式，具体承担综合管廊档案的鉴定工作。

2）开展鉴定工作

鉴定工作包括：编制或审查本单位的综合管廊档案保管期限表；具体进行库藏综合管廊档案价值和质量的鉴定分析工作；对已过保管期限的综合管廊档案重新进行审查；剔除失去保存价值的综合管廊档案；编制剔除、销毁清册，起草鉴定报告等。

3）销毁

根据上级对鉴定报告和销毁申请的批复，按档案销毁程序和要求开展销毁工作。

综合管廊档案鉴定是一项严谨、慎重的工作，它要求鉴定小组的成员不仅要有强烈的责任心，而且要求他们了解本单位的全面情况和管廊建设发展的情况，熟悉综合管廊档案的形成过程和利用价值，掌握档案鉴定工作的一般要求和方法，具有较高的专业技术水平。

6.2 综合管廊档案的工作内容、任务

6.2.1 工作内容

综合管廊档案工作，从广义上说，是一项综合管廊档案事业。主要内容包括：综合管廊档案馆（室）工作、综合管廊档案法规标准建设工作、综合管廊档案行政管理工作、综合管廊档案教育培训工作、综合管廊档案科学研究工作、综合管廊档案宣传出版工作、综合管廊档案国内外合作交流工作等。

综合管廊档案工作，从通常角度上说，是指综合管廊档案馆（室）所从事的综合管廊档案业务工作，就是用科学的原则和方法管理综合管廊档案，为社会各项事业服务的工作。

（1）综合管廊档案馆（室）工作。是指综合管廊档案馆（室）所从事的各项日常业务工作，主要包括对综合管廊档案进行接收、补充、整理、鉴定、保管、保护、统计等基础工作；开发综合管廊档案信息资源，编制各种档案目录、检索工具，大力开展综合管廊档案编研工作；开发综合管廊档案信息化、数字化工作，建立各种档案信息。

（2）综合管廊档案法规标准建设工作。是指综合管廊档案管理部门为规范综合管廊档案工作，科学和有效地管理综合管廊档案，保障综合管廊档案事业的全面有序发展，依据相关法律、法规和法定程序，起草、制定、颁发、实施有关综合管廊档案方面的规范性文件和业务标准。主要包括综合管廊档案法规建设、标准化、规范化建设等工作。

（3）综合管廊档案行政管理工作。是指综合管廊档案管理部门运用行政手段对综合管廊档案和综合管廊档案工作进行管理的一项工作。主要包括综合管廊档案业务指导、监督检查、验收认可等工作。

（4）综合管廊档案教育培训工作。是指综合管廊档案管理部门为加强和提高综合管廊档案管理人员的业务理论水平和实际工作能力，自己组织或委托专门教育机构开展的一项教育培训工作。主要包括综合管廊档案学历教育、专业岗位培

训、业务知识培训等。

（5）综合管廊档案科学研究工作。主要包括综合管廊档案基础理论研究、学术理论研究、业务工作研究、管理技术研究等。

（6）综合管廊档案宣传出版工作。主要包括综合管廊档案宣传、综合管廊档案刊物和书籍出版工作。

6.2.2　基本任务

综合管廊档案工作的基本任务，就是按照一定的原则和方法，科学地管理综合管廊档案，积极地开发综合管廊档案信息资源，及时、准确地提供综合管廊档案，为城市规划、建设、管理服务。

综合管廊档案工作的基本任务，归纳起来，就是“科学管理，开发利用”八个字。科学管理，就是综合管廊档案管理机构严格按照国家法律、法规、规章、规范、标准等要求管理综合管廊档案，维护综合管廊档案的完整与安全。开发利用，就是综合管廊档案管理机构按照社会的需求，按照城市规划、建设和管理工作的要求，采取多种形式，主动、及时、准确地提供综合管廊档案资料信息。

6.3　基本原则

综合管廊档案工作的基本原则是：综合管廊档案工作实行统一领导、分级管理的原则，维护综合管廊档案的完整、准确、系统和安全，便于社会各方面的有效利用。这与国家整个档案工作的原则是基本一致的，也是符合当前客观实际需要的。

综合管廊档案工作的基本原则，包含以下三个方面的内容：

（1）一个城市的综合管廊管理单位应当设置综合管廊档案工作管理机构，配备相应的综合管廊档案管理人员，负责全市综合管廊档案工作。各级地方建设主管部门可按照国家统一制定的有关综合管廊档案工作规定和要求，结合本地区具体情况，制定本地区综合管廊档案工作规划、制度和办法，指导、监督和检查本地区的综合管廊档案工作。

城市的综合管廊管理单位也可以委托综合管廊档案馆负责综合管廊档案工作的日常管理工作。各级综合管廊档案馆（室）集中保存本地区重要的综合管廊档案，各单位档案室集中保存本单位范围内形成的一般综合管廊档案，与市级综合管廊档案馆形成互为联系、相互协调的综合管廊档案分级管理网络。

（2）维护综合管廊档案的完整、准确、系统和安全是综合管廊档案管理的基本要求。只有保证综合管廊档案的完整、准确、系统和安全，才能为综合管廊档案工作的开展提供必要的物质基础。

1）维护综合管廊档案的完整、准确、系统，就要求综合管廊档案数量齐全成套，不是残缺不全。综合管廊档案内容与其记录和反映的实物和过程保持完全一致，各种签字、盖章手续完整、真实；综合管廊档案整理系统、排列有序，质量符合业务规范标准要求。

2）维护综合管廊档案的安全。就是既要保证综合管廊档案载体的安全，又要保证综合管廊档案内容的安全；既要防止综合管廊档案的人为分散破坏，又要减少综合管廊档案的自然损坏。必须加强档案的归档、保管、安全、利用等制度建设，严格禁止把综合管廊档案据为己有或分散保存。严格按照保护技术标准加强库房管理，严格执行综合管廊档案的安全保密规定和借阅利用制度，充分保障综合管廊档案的安全保存，使之能长久发挥作用。

（3）开发综合管廊档案信息资源，为社会各方面提供利用服务，是综合管廊档案工作的根本目的。要实现综合管廊档案的有效利用，必须扎实做好综合管廊档案的分类、整理、编目、著录、信息鉴定等基础业务工作，同时，要正确处理好综合管廊档案安全保密和开放利用的矛盾。只有这样，才能使综合管廊档案信息更好地为社会发挥作用。

综合管廊档案工作基本原则的三个方面内容，是辩证统一的有机整体。实行统一领导、分级管理，才能切实维护综合管廊档案的完整、准确、系统和安全，从而便于社会各方面的利用。要做到综合管廊档案的有效利用，就必须实行统一领导、分级管理，维护综合管廊档案的完整、准确、系统和安全。而实行统一领导、分级管理，维护综合管廊档案的完整、准确、系统、安全是为了实现有效利用的手段，是必要的前提。便于社会各方面的有效利用才是最初的根本目的。没有统一领导、分级管理，维护综合管廊档案的完整、准确、系统和安全，就没有有效利用的组织保证和物质基础；离开了社会各方面的有效利用，实行统一领导、分级管理，维护综合管廊档案的完整、准确、系统和安全就失去了意义和方向。所以我们要全面地理解和执行综合管廊档案工作的基本原则。

6.4　档案工作管理

6.4.1　档案收集要求

1. 加强综合管廊档案形成单位的调查和指导

收集工作是解决档案的集中问题，就是因为收集的对象本来是分散的，这就要求收集工作必须事先做好调查，掌握应集中进馆（室）的档案分散、流动、管理和使用等方面的信息。同时，要协助和指导综合管廊档案移交单位做好移交准备工作，使之符合接收的条件，并根据综合管廊档案分散的情况、使用情况和综合管廊档案馆（室）的条件，制定计划统筹安排。

2. 保证进馆档案的完整、齐全和准确

保证档案在收集进馆时的完整、齐全和准确是贯穿收集工作始终的基本要求。在收集过程中，必须把一个建设工程项目档案或一个单位年度业务管理档案全部集中起来，使进馆的档案完整无缺，系统齐全。不允许把成套和系统的档案人为地分割、抽散保存在几个地方。同时，在收集时还要注意档案内容信息的完整性。

3. 积极推行进馆（室）档案的标准化

档案收集工作中推行标准化，是综合管廊档案工作现代化的要求。标准化是现代化的基本，现代化的程度越高，就越要求标准化。档案工作标准化，应从收集工作做起。如果接的档案不标准，将给科学管理和实现档案工作现代化带来困难。在收集工作中，应执行国家相关规范和现行标准，推行综合管廊档案分类、案卷质量与格目等方面的具体规范要求，大力提高收集综合管廊档案的质量。

6.4.2　档案分类

综合管廊档案的分类，就是把一个单位或一个项目的全部档案，按其来源、时间、内容和形式的不同，分成若干层次和类别，使之构成一套有机的体系。

1. 综合管廊档案分类的意义

档案的分类，对于整个档案整理工作的组织和质量以及日常的档案管理，都有重要意义。首先，档案不进行分类，显然仍是一堆杂乱无章的材料。只有对档案进行科学合理的分类，才能揭示出它们之间的内在联系，才能使这些档案材料成为一个有机整体，便于系统地提供利用。其次，档案不分类，立卷、排列、编目等工作就难以进行。只有经过一定的分类，其后的一系列环节才易于着手进行和逐步深入。

2. 综合管廊档案分类的原则

（1）符合综合管廊档案形成单位及其专业活动的性质和特点。

（2）根据文件材料的内容，选择和运用适当的分类方法。

（3）遵循文件材料的形成规律，保持文件材料的有机联系。

3. 综合管廊档案分类的要求

（1）档案类目和档案材料的划分应该具有客观性

综合管廊档案是城市建设各类活动的产物，有其自身的形成规律和内在联系，我们应该按照不同项目、不同专业档案的情况，科学地选择分类方法，合理地设置类目，准确地划分归类，客观地反映档案形成单位活动的面貌。

（2）档案分类体系应该具有逻辑性

档案分类体系的构成应该力求严密，必须遵循每次分类按照同一标准进行、子类外延之和等于母类外延、子类相互排斥等逻辑规则，尤其需要注意分类标准的一致性和类别体系中纵横关系的明确性。

（3）档案的分类应该注重实用性

在选择分类方法时，必须注重实用，尤其要考虑档案的分类必须便于保管，便于检索和利用。

6.5 档案保管与保护

6.5.1 工作任务

综合管廊档案保管与保护工作是综合管廊档案工作的重要环节，其基本任务是：了解和掌握综合管廊档案损坏规律，通过经常性工作，采取专门的技术措施，最大限度地防止和减少对综合管廊档案造成危害的不利因素的产生，延长综合管廊档案的寿命，维护综合管廊档案的系统性和完整性，保证综合管廊档案的安全。综合管廊档案损坏和遭受破坏的因素有两种：人为因素和自然因素。

人为因素，主要表现在以下三个方面：

（1）出于某种不良动机，故意对某些档案文件进行有目的、有意识的破坏。

（2）由于档案工作人员整理、保管、利用档案时或接触档案的有关人员麻痹大意，或玩忽职守，或不遵守规章制度，以及缺乏综合管廊档案业务经验等，导致管理和使用上的不善而造成综合管廊档案的丢失、损坏或档案系统的紊乱。

（3）在综合管廊档案管理和利用过程中，难以避免地发生档案的老化。如频繁使用、复印等造成的磨损、老化等。

自然因素，主要有以下两个方面：

（1）内因，档案本身。主要是指档案文件的制成材料、字迹材料，如纸张、胶片、磁带等载体材料，墨水、油墨等书写、印刷及其他附着材料，这些材料本身的耐久性及其变化直接影响到档案本身的寿命。

（2）外因，档案所处的环境和保管档案的条件。如不适宜的温湿度、光线、灰尘、虫、鼠、水、火、机械磨损、腐蚀性气体、强磁场以及人为污损等因素对综合管廊档案的损害。

因此，综合管廊档案保管和保护工作的实质就是档案人员向一切可能损害档案的自然的、人为的因素进行科学的挑战。

6.5.2　要求

综合管廊档案保管与保护工作的要求如下：

（1）具备符合专门要求的库房和设备。这是做好综合管廊档案保管工作的最基本的物质条件。

（2）综合管廊档案保管人员一定要具备相应的专业知识，且具有强烈事业心和高度责任感。在同等条件下，人的因素往往比物质因素更重要。物质条件是基础，人的因素是关键。

（3）保管人员要经常性的分析和观察综合管廊档案的安全情况以及造成综合管廊档案损毁的因素，及时采取合适的方法和措施，不断地改善保管条件，改进保管方法，针对性地解决好档案保管工作中出现的各种问题。

（4）保管与保护工作一定要贯彻“以防为主，以防为先，防治结合”的原则，确保档案的长久与安全。

6.5.3　档案室要求

（1）建设系统各专业（档案）管理部门档案室应设有档案库房，库房面积满足档案存贮的需求。库房与办公、查阅等用房分置。

（2）库房应有良好的适宜保管档案的环境和条件，符合防火、防水、防盗、防震、防高温、防潮、防霉、防鼠、防虫、防尘、防光、防磁、防有害气体、防有害生物等要求。相关措施如下：

1）库房温湿度控制要求

①不同载体档案的库房温湿度应符合表 6-2 的要求。

档案库房温湿度控制标准表　　表 6-2

档案类型	温度（℃）	相对湿度（%）	昼夜温度变化（℃）	昼夜相对湿度变化
纸质档案	14 ~ 24	45 ~ 60	±2	±5
底片档案	13 ~ 15	35 ~ 45	±3	±5
照片档案	14 ~ 24	45 ~ 60	±3	±5
磁性载体档案	17 ~ 20	35 ~ 45	±3	±5
光盘档案	14 ~ 24	45 ~ 60	±2	±5

②库房应进行不间断的温湿度测量、记录，按规范记录温湿度情况。

③控制档案库房温度、湿度，可分别采取下列措施：

a. 当库内温度、湿度高于控制标准而库外温湿度较低时，应开窗通风，或使用通风机、风扇等进行通风。

b. 当库内温度、湿度符合控制标准而库外温湿度较高时，应密闭窗门。

c. 当库内湿度大于控制标准时，应采取通风、开启去湿机等方式减湿。

d. 当库内湿度小于控制标准时，应使用加湿器、地面洒水等方式增湿。

e. 当库内温度高于控制标准时，应使用空调设备降温。

f. 当库内温度低于控制标准时，应使用空调设备增温。

④库房温湿度调控的方法

a. 密闭。档案库应严密封闭，以减少库外不良气候对库内的影响。库区或库房入口应设缓冲间或安装气幕装置。每逢梅雨、高温、潮湿季节严禁随意开启库房门窗。

b. 通风。档案库应根据空气流动规律，利用库外温、湿度的有利条件，合理地使库内外的空气进行自然交换，科学地进行通风。通风口应该设有一定的防护装置，以防灰尘和飞虫等进入。通风时要注意观察，防止产生结露现象。要避免有害气体进入库内。通风后立即密闭有关设施。

c. 减湿。库房应采用空气冷冻去湿机或吸湿剂降低湿度。

d. 增湿。当库内湿度低于规定要求时，可采用蒸汽加湿或水蒸发加湿适当增加库内湿度。

e. 降温、增温。可采用空调措施增温或降温，也可采用暖气设备增温，且以汽暖为宜。

f. 通过库房温湿度测量、记录和分析，掌握档案库房温湿度的变化规律，在没有设备的情况下，可采取通风与密闭的措施达到改善库房温湿度的目的。

g. 新建档案库房竣工后不宜立即投入使用，一般要经半年以上的通风干燥后方能使用。

2）库房防光要求及相关措施

①在档案的整理、保管和利用过程中应采取防光措施，减小光辐射的强度和辐照时间，以避光保存为宜，严禁将档案放在阳光下曝晒。

②档案库房宜使用乳白色的带防爆灯罩的白炽灯，照度一般在 30 ~ 501x 为宜。阅览室照度一般在 75 ~ 1001x 为宜。当采用荧光灯时，应有过滤紫外线和安全防火措施。

③库房的窗洞面积应符合现行行业标准《档案馆建筑设计规范》JGJ 25 的要求，窗户应采取不透光的窗帘、遮阳板、防紫外线玻璃等遮阳措施。

④不宜在强光下长时间利用档案，珍贵档案原件复印次数不宜过多。

3）库房防尘、防空气污染要求及相关措施

①新建库房选址时，应远离锅炉房、厨房、有污染的车间等场所，并应提高档案库房绿化覆盖率。档案库房所处地区及周围环境空气的质量，不应低于二级质量标准。

②档案库房门窗应加装密封条，库房进风口处应设置净化空气装置和阻隔性质的微粒过滤器，净化和过滤库房空气。

③库房维护结构的内层应选用质地坚硬耐磨的材料，或采用高分子涂料喷刷库房地面。

④档案入库前应进行除尘和消毒处理。工作人员入库应更换工作服。

⑤应制定卫生清洁制度。清洁库房卫生应使用吸尘器，先吸门窗、地板，后吸柜架。

4）库房防虫、防霉和防鼠害要求及相关措施

①档案入库前应进行灭菌消毒，防止带菌的档案入库污染其他档案。库房内严禁堆放杂物，严禁把食物带入库房内。新库房和新柜架启用前，应先使用药物进行密闭消毒。

②加强库房温、湿度的控制和调节（表 6-3）。库房温度、湿度应控制在档案《库房温湿度控制标准》规定的范围。

档案库房温湿度记录表 表 6-3

日期	天气情况	上午		下午		措施	效果	备注
		温度	湿度	温度	湿度			

③库房和办公用房应分设，避免人为因素使档案感染，滋生虫害。

④库房应使用防霉剂等药剂防霉。

⑤库房应经常放置和定期更换防虫药物，防止害虫的发生。

⑥库房门窗应严密，并安装纱门、纱窗。

⑦应做好库房虫情、鼠情观察记录工作，并采取适当的消杀措施。特别是在害虫高发季节，应根据害虫活动规律翻检档案架的角落、缝隙处及案卷的角落及装订处有无动物滋生及害虫活动的痕迹，记录虫种、虫态及危害情况，以便采取适当措施。

5）库房防火、防盗要求及相关措施

①应加强防火意识教育，使每一位工作人员熟练掌握防火、灭火的相关知识和技术。

②应制定防火、防盗制度，配备足够有效的灭火装置，安装防盗门和防盗栏，安装自动防火防盗报警监控系统。

③库房内外严禁堆放易燃易爆等危险物品与杂物，库房、整理室、阅档室以及工作用房严禁吸烟，严禁无关人员进入库房。

④应定期检查库内电器和电线老化程度，防止电器、电线老化引起火灾。严禁过载使用电器设备。

⑤管廊档案管理机构应对地震、水灾、火灾、偷盗、破坏等突发事件制定应急预案。应急预案应包括领导小组及其职责、应急队伍及任务、应变程序启动及组织、抢救档案的先后顺序、搬运路径、安全护运、转移存放地点、转移后在非常态情况下的管理及保护等内容。

（3）库房应配置足够数量的档案柜、档案架。档案装具符合现行国家规定标准《档案装具》DA/T6 的相关规定。

（4）库房应配置必要的保管设备，如：吸尘器、温湿度测量仪、去湿机、空调、应急照明灯以及消防灭火设备等。

6.6　电子化档案

6.6.1　电子档案的优越性

1. 电子档案减轻了档案管理工作人员的劳动强度，提高了工作效率。

在信息化高速发展的今天，网络信息系统为归档提供了快捷的管理手段，为科研人员进行科研项目研究提供了快速参考的途径。

2. 电子档案有利于纸质原始资料的保管

目前来看，20 世纪七八十年代产生的档案，均存在纸张破旧、字迹泛黄和模糊的问题，科研人员参考利用后，更加速了资料的破损。通过扫描仪器，将纸质档案形成电子档案后，可将纸质档案封存保管，保证其完整性。

3. 电子档案更具有保密性

传统档案在利用时，传阅范围较广，且涉及人员较杂。电子档案可通过信息技术设置权限，使指定的人员在固定的时间内，参考其需求范围内的信息。超出权限及时间范畴，电子文档自行失效，无法进行查阅，从而加强了档案的安全性及涉密性。

4. 电子档案可提供在线服务，提高及时性

传统纸质档案再利用时，科研人员需至档案管理部门复制或查阅。如遇相关工作人员休假、出差，资料也无法利用，耗费大量时间，影响科研进度。通过档案信息系统可随时查阅相关档案信息，既最大程度地保证了档案信息的时效性，也降低了档案复制的成本。更使得档案的利用者更加迅速、及时地利用准确的信息。

6.6.2 电子档案的保管

（1）电子档案应当存放在专门的具有防磁功能的装具中，以保证磁盘、光盘的稳定性。

由于电子文件载体与传统纸质载体的区别性，其储存的环境应具备防潮湿、防光、防晒。其防护的设备应具备抗磨损、防网络病毒等功能。如移动盘、磁带、软盘等介质必须做到以下几点：①防止存放空间过于干燥或湿度过大，应控制好温湿度，要求温度保持在14～24℃，相对湿度保持在45%～60%。②防止阳光直射，避免造成介质载体损坏。③防滑、防摔，避免载体损坏，信息无法读取。④存放环境安全涉密，远离热源，远离具有腐蚀性的气体。对于归档的光盘，盘面不得有划痕、写字。要以配套的装具存放，不可弯曲、挤压、硬塞，保持盘面清洁。光盘应直立于光盘盒中，竖立放置，避免大量堆叠。

（2）电子档案载体应每间隔2年进行与原载体同样编号的复制备份保存，以确保电子档案信息的可靠性。

判断电子档案内容是否保存完整，应进行定期抽查，采用随机抽样的方式。首先进行外观检查，查看载体外面有无霉斑，是否破损，光盘是否弯曲。其次，参照归档编号核实、检查载体利用后是否缺失，是否按顺序排列保存。最后通过电子设备检测电子信息是否缺失，载体是否能完整读取。若发现错误应立即进行有效的修正或重新备份。对于电子档案的检测与维护，必须严格管理，要记录检测、维护、拷贝等操作过程，避免发生人为的误操作或不必要的重复劳动。

（3）充分运用网络时代的信息安全保护技术，切实保障档案信息数据库的安全。

档案电子化，虽有其优越性，但因档案的涉密性，档案信息数据库要具备加密技术、签署技术、权限设置。①保密性。保证只有经授权的人才可使用。②完整性。防止数据被使用时，无心或恶意地篡改。③及时性。保证信息使用者能快速及时地利用其所需的信息。④权限性。被授权的人只可在其授权涉及的范围内利用信息。⑤安全性。在网络的大环境下，因操作不当或计算机病毒均会造成系统崩溃和数据丢失，应备份好所有的档案资料，数据丢失后，还可继续利用和备份保管。

（4）电子档案与纸质档案同步归档。电子档案虽具备及时性、效率性，但因其法律效力、自身缺陷容易丢失，也应归档纸质档案。纸质档案用于保存，电子档案用于利用。电子档案丢失后，也可利用纸质档案再形成，不会造成档案全部丢失。

6.6.3　加强人才保障，提高人员素质

档案管理部门作为信息资源中心，是通过档案资源的收集、整理和提供利用实现价值目的一种服务机构，它既储存着丰富的原始资料和信息源，又蕴藏着当今世界的先进文化，是信息资源和社会信息化的重要基地。在电子档案日益发展的今天，培养和造就一批通电子技术、懂档案管理的人员是当务之急。依托社会高新技术，进一步拓宽人才培训渠道，有计划、有步骤地组织在职档案人员采用继续教育、研讨、培训、专题讲座等方式，学习新知识、新技术，掌握新技能、新方法，探讨新情况、新问题，尽快提高信息技能和驾驭现代化管理的能力，使档案人员逐步成为既熟悉计算机知识、网络知识，又精通档案业务的复合型人才，从而培养出实用型的档案信息化人才。

第 7 章　运行维护评价

7.1　评价指标体系的建立

管廊运行安全评价指标体系是由若干单项评价指标组成的整体，建立评价指标体系是系统评价的关键，指标体系要实际、完整、合理、科学，尽可能全面反映综合管廊安全的所有因素。因此，在建立综合管廊安全评价指标体系的过程中，应注意体现以下基本原则：①系统性；②层次性和全面性；③定性与定量评价的结合性；④指标之间的独立性；⑤可操作性；⑥政令性；⑦可比性；⑧科学性和可靠性；⑨动态性与稳定性相结合。总的来说，评价指标体系应具有以下特点：

（1）符合管廊运行安全的特点；

（2）从人、机、管理、环境四个方面综合反映影响管廊运行安全状况的因素；从已发生事故数、事故严重程度和发生事故可能性等多角度评价安全水平：

（3）以事故预防工作为基础，适用于不同类型的管线。

7.2　第三方评价

第三方原意是指两个相互联系的主体之外的某个客体，它可以是和两个主体有联系，也可以是独立于两个主体之外。第三方是指处于第一方（被评对象）和第二方（其服务对象）之外的与第一方、第二方既不具有行政隶属关系，也不具有其他经济利益关系的一方。尽管理论界对第三方所涉及的主体还有分歧，但从广义上来讲，第三方一般包括受行政机构委托的专业评估组织、研究机构、专家学者、舆论界、公众代表等。从国内外第三方参与评估的实践来看，第三方评估以其特有的独立性、专业性、权威性，成为政府绩效评估、公共政策评估的重要形式。同样，重大事项社会稳定风险评估作为评估形式的一种，第三方评估是其实现“公正、科学、民主”价值追求的必要保证。

7.2.1　评价流程

综合管廊第三方评价体系是以运行为核心，包含评价体系的构建、第三方评价的实施、数据采集、信息反馈及智能调整五个基础功能，其运行分为四个阶段，一是评价体系构建阶段，由第三方评价组织机构确定评价目标、制定评价标准、建立评价指标、确定评价手段，从而建立评价体系；二是评价数据采集阶段，由第三方评价组织机构通过各类渠道采集管廊运行的相关数据，并进行数据汇总；三是评价结果形成阶段，由第三方评价组织机构汇总四个评价主体的数据，通过分析和处理后形成评价报告；四是评价结果运用阶段，既向管廊管理单位反馈结果，又将评价的情况反馈给评价体系，进一步完善体系，并向社会发布评价结果。

7.2.2　评价结果及处置

不合格分部工程经整修、加固、补强或返工后可重新进行鉴定。但出现主要管廊受力结构需要或进行过加固、补强，重大质量事故或严重质量缺陷，造成历史性缺陷的工程，整改合格后，其相应的单位工程、合同段工程质量不得评为优良，质量鉴定得分按照整改前的鉴定得分。城市综合管廊运行能力评价依据如下（表 7-1）：

城市综合管廊运行能力评价基本分为 90 分，加分 10 分，总分满分 100 分。

（1）总评分达到 90 分以上，可评为优秀；

（2）总评分达到 75 分 ~ 89 分，可评为良好；

（3）总评分达到 60 分 ~ 74 分，可评为合格；

（4）总评分达到 60 分以下，可评为不合格。

城市综合管廊运行能力评价表

表 7-1

评价要素	评价指标			评分细则	应得分	实得分
运行	管廊管理单位		1. 制定管廊应急预案，落实应急设备、物资、人员等，并定期组织管线承包单位和管线权属单位进行应急预案演练	符合要求得 4 分。发现有缺陷的，在基础分上进行扣分，每项扣 1 分，扣完为止	4	
			2. 配备的人员是否齐全			
			3. 建成管廊设施设备是否进行普查、登记			
			4. 加强对管廊的巡视，对于从事可能危害管廊安全的作业，及时向管廊管理单位提出书面申请，经批准后才可继续施工			
			5. 管廊内管线权属单位的相关工作是否协调			
	管线管理单位		1. 是否制定管线维护计划	符合要求得 2 分。发现有缺陷的，在基础分上进行扣分，每项扣 0.5 分，扣完为止	2	
			2. 制定管线安全事故应急方案，并上报至管廊管理单位或其他相关部门进行备案			
			3. 按照管廊管理单位的标准和要求进行入廊			
			4. 权属管线需要迁入或迁出时，按照“先申请、后审批、再施工”的流程执行			
维护	主体结构	主体构筑物	1. 构筑物结构无严重裂缝、变形、腐蚀等病害	符合要求得 5 分。发现有缺陷的，在基础分上进行扣分，每项扣 1 分，扣完为止	5	
			2. 对于构筑物结构出现的病害应及时进行修复处理			
			3. 管段应结构完好，标志明显，外观清洁			
			4. 管段应保持畅通，禁止堆物占用通道			
			5. 管段内设施完好，定期检查通道出入口设施情况			

续表

评价要素	评价指标			评分细则	应得分	实得分
维护	主体结构	主体构筑物	6. 管段不应有严重裂缝、变形、缺损、渗漏、腐蚀等病害	符合要求得 5 分。发现有缺陷的，在基础分上进行扣分，每项扣 1 分，扣完为止	5	
			7. 对于管段结构出现的病害应及时进行修复处理			
		附属构筑物	1. 附属设施应结构完好，并具有良好的使用功能	符合要求得 2 分。发现有缺陷的，在基础分上进行扣分，每项扣 0.5 分，扣完为止	2	
			2. 附属设施的饰面应保证清洁，定期作好保护工作			
			3. 对于结构的损坏缺损应及时修复			
		管线引入与地面设施	1. 综合管廊内管线引入处防水措施应有效，无渗漏水	符合要求得 2 分。发现有缺陷的，在基础分上进行扣分，每项扣 0.5 分，扣完为止	2	
			2. 综合管廊内预留孔与管廊结构结合处防水封堵应完好，无渗漏水			
			3. 地面道路交通和周边路面施工对综合管廊设施无不良影响			
			4. 管道径路上及工作井附近地面无沉降及损坏，无可能有损管道和工作井的堆物			
		防渗堵漏	1. 综合管廊内结构总渗水量应满足设计标准，如无设计标准，总渗水量必须小于 0.5L/（m^2·d）	符合要求得 2 分。发现有缺陷的，在基础分上进行扣分，每项扣 0.5 分，扣完为止	2	
			2. 局部渗水严重区域任意 100m^2 中的渗漏水点数须不超过 3 处，平均渗漏水量不应大于 0.05L/（m^2·d）。任意 100m^2 防水面积上的渗漏量不应大于 0.15L/（m^2·d）（地下工程防水等级 2 级）			
			3. 防水原则应以堵为主，对结构复杂、变形严重段可采用引排方法，但须符合防水等级 2 级要求			

续表

评价要素	评价指标				评分细则	应得分	实得分
维护	附属设施	消防	1. 消防设施每周至少巡查一次		符合要求得 3 分。发现有缺陷的，在基础分上进行扣分，每项扣 0.5 分，扣完为止	3	
			2. 消防系统每年至少检测一次				
			3. 消防控制室的管理符合现行国家标准《消防控制室通用技术要求》GB 25506 的有关规定				
			4. 综合管廊消防系统的巡查、检测、维修、保养等维护工作的实施符合现行国家标准《建筑消防设施的维护管理》GB 25201 的第 6.1.4 条的规定				
			5. 检测技术要求与方法符合现行行业标准《建筑消防设施检测技术规程》GA 503 的有关规定				
		通风	风机	1. 保持电机运转平稳，无异味、异响等情况	符合要求得 5 分。发现有缺陷的，在基础分上进行扣分，每项扣 0.5 分，扣完为止	5	
				2. 保证叶轮表面清洁无损伤，运转无异响			
				3. 保证机壳表面清洁无变形			
				4. 保证机座安装稳固，支架、紧固件连接牢固无松动，无漏风			
				5. 应保证线路、端子连接紧固可靠，电机及机壳接地电阻≤ 1Ω			
				6. 保证绝缘风机外壳与电机绕组间的绝缘电阻＞ 0.5MΩ			
				7. 保证传动皮带轮与皮带轮保持在同一平面，传动皮带松紧适度，无磨损			

续表

评价要素	评价指标				评分细则	应得分	实得分
维护	附属设施	通风	通风口、风管	1. 组件、部件安装稳固，无松动移位，与墙体结合部位无明显空隙	符合要求得 3 分。发现有缺陷的，在基础分上进行扣分，每项扣 0.5 分，扣完为止	3	
				2. 表面清洁，无积灰、蛛网、异物			
				3. 组件无破损、锈蚀			
				4. 通风畅通无异物阻塞			
				5. 风管无漏风现象			
				6. 电动百叶窗开闭良好，与火灾报警系统联动有效			
			排烟防火阀	排烟防火阀的检查检测的技术要求与方法符合现行国家标准《建筑消防设施的维护管理》GB 25201 和现行行业标准《建筑消防设施检测技术规程》GA 503 的有关规定	实际检查检测的技术要求与方法符合标准得 1 分。发现有缺陷的，在基础分上进行扣分，每项扣 0.5 分，扣完为止	1	
		排水	管道、阀门	1. 管道无裂缝、撕破、变形现象；油漆无脱落，无锈蚀	符合要求得 3 分。发现有缺陷的，在基础分上进行扣分，每项扣 0.5 分，扣完为止	3	
				2. 管子、管件，阀门及其接口静密封部位无渗漏			
				3. 法兰相互连接的法兰端面平行			

续表

评价要素	评价指标				评分细则	应得分	实得分
维护	附属设施	排水	管道、阀门	4. 支座的基础、砌体结实牢固、砂浆饱满	符合要求得 3 分。发现有缺陷的，在基础分上进行扣分，每项扣 0.5 分，扣完为止	3	
				5. 阀门开闭灵活有效，阀门压盖螺栓留有足够的调整余量			
				6. 紧固件连接部位无松动			
			水泵	1. 电机转向正确，运行平衡，无异常振动和异声，运行电流和电压不超过额定值	符合要求得 4 分。发现有缺陷的，在基础分上进行扣分，每项扣 0.5 分，扣完为止	4	
				2. 在规定的转速、扬程范围内运行			
				3. 机械轴封机构泄漏量每分钟不超过 3 滴，普通软性填料轴封机构泄漏量每分钟不超过 20 滴			
				4. 泵体连接管道和机座螺栓紧固，不得渗漏水			
				5. 潜水泵运行时保持淹没深度，保持垂直安装，潜水深度在 0.2 ~ 0. 3m 之间			
				6. 停运时止回阀门关闭时的响声正常，水泵无倒转情况发生			

续表

评价要素	评价指标				评分细则	应得分	实得分
维护	附属设施	排水	水泵	7. 运行时，泵体、电机无碰擦和轻重不匀现象，各部轴承处于正常润滑状态	符合要求得 4 分。发现有缺陷的，在基础分上进行扣分，每项扣 0.5 分，扣完为止	4	
				8. 水泵电动机引出线接头应牢固连接，接地装置必须可靠			
			水位仪	1. 外观无破损、进水	符合要求得 4 分。发现有缺陷的，在基础分上进行扣分，每项扣 0.5 分，扣完为止	4	
				2. 水位信号反馈正常，开关泵及水位报管有效			
				3. 安装稳固无卡死或障碍物阻挡			
				4. 接线牢固，导线连接良好			
		供电	变配电站	1. 变配电站房设施保持整洁、完好，不得有积水、漏水、渗水现象。内部灯光、排风设施保持正常，自然通风要保持良好	符合要求得 4 分。发现有缺陷的，在基础分上进行扣分，每项扣 0.5 分，扣完为止	4	
				2. 变配电站房的附近环境不得有腐蚀性气体，站内外不得堆放各种易燃易爆物品，不得有积水现象			

续表

评价要素	评价指标				评分细则	应得分	实得分
维护	附属设施	供电	变配电站	3. 变配电站房内的安全用具高压验电笔，接地线，绝缘垫、鞋、手套、木（竹）梯、标示牌、灭火器材等必须配置齐全，对绝缘安全用具按规定定期进行耐压试验	符合要求得 4 分。发现有缺陷的，在基础分上进行扣分，每项扣 0.5 分，扣完为止	4	
				4. 变配电站内，电气设备、冷却设备、照明设备、控制设备及辅助设备均保持完好、可靠			
				5. 电能供给与分配必须做到电压的稳定性、分配的合理性及运行可靠性			
				6. 变压器等电气设备的测试按规定周期对变压器等电气设备进行测试、检验；设备检修后，经验收合格，才能投入运行			
				7. 电气设备如有变更，及时修正档案资料，资料与设备系统线路实际情况必须符合			
			电缆线路巡查	1. 每季检查电缆线路标桩是否被埋没、缺损，如被埋没或缺损，需清理被埋没的电缆标桩或重新设置标桩	定期检查电缆线路标桩且按规定对埋没、缺损的标桩清理或者重新设置的，得 1 分。发现有缺陷的，在基础分上进行扣分，每项扣 0.2 分，扣完为止	1	

续表

评价要素	评价指标				评分细则	应得分	实得分
维护	附属设施	供电	电缆线路巡查	2. 每季检查沿路经过的地面上是否有堆放重物及临时建筑物，如有堆放重物及临时建筑物，需及时联系有关单位，清除重物及建筑物	定期检查沿路地面是否有堆放重物及临时建筑物，对于有堆放重物及临时建筑物，及时联系有关单位并清除重物及建筑物的，得1分。发现有缺陷的，在基础分上进行扣分，每项扣 0.2 分，扣完为止	1	
				3. 每季检查电缆有无受到开挖、新建工程的影响，如有影响，需及时联系有关单位，做好管线安全措施	定期检查电缆有无受到开挖、新建工程的影响，对于有影响且做好管线安全措施的得 1 分。发现有缺陷的，在基础分上进行扣分，每项扣 0.2 分，扣完为止	1	
				4. 每季检查地表有无明显塌陷，如有塌陷，需填充、加固基础，保证线缆敷设稳定	符合要求得 1 分。发现有缺陷的，在基础分上进行扣分，每项扣 0.2 分，扣完为止	1	
				5. 每季检查管口护圈是否脱落，缆线绝缘层是否破裂，如有管口护圈脱落，需将缆线绝缘层包扎防护处理；如缆线绝缘层破裂，需对缆线绝缘层包扎防护处理	符合要求得 1 分。发现有缺陷的，在基础分上进行扣分，每项扣 0.2 分，扣完为止	1	
			防雷及接地设施	1. 接地装置保证接地导线与接地极连接可靠，连接处无锈蚀；接地电阻符合工程设计或相关规范要求	符合要求得 4 分。发现有缺陷的，在基础分上进行扣分，每项扣 0.5 分，扣完为止	4	
				2. 因绝缘损坏或其他原因造成损坏，可能带有危险电压的设备应可靠接地			

续表

评价要素	评价指标				评分细则	应得分	实得分
维护	附属设施	供电	防雷及接地设施	3. 电气装置、电缆线路及各类电器、机电设备与接地干线连接方式采用焊接（焊接处应做防腐处理）或螺栓压按方式连接；每个设备单独与接地干线相连接，严禁在一条接地线上串接几个需要接地保护的设备	符合要求得 4 分。发现有缺陷的，在基础分上进行扣分，每项扣 0.5 分，扣完为止	4	
				4. 更换避雷器尽量采用相同规格和型号的产品，避雷器的接口与被保护设备接口一致			
				5. 避雷装置构架不得挂设其他用途的线路（如临时照明线、电话线、闭路电视线等）以防止反击过电压引入室内			
				6. 定期检查避雷器的使用情况，及时更换已损坏的避雷器			
				7. 接地电阻的周期测量应在较干燥的季节进行			
				8. 装于户外的避雷器应有良好的防雨、防尘措施			

续表

评价要素	评价指标				评分细则	应得分	实得分
维护	附属设施	供电	电力电缆	1. 维护人员应全面了解供电系统中的电缆型号、敷设方式、环境条件、路径走向、分布状况及电缆中间接头的位置	符合要求得 1 分。发现有缺陷的，在基础分上进行扣分，每项扣 0.2 分，扣完为止	1	
				2. 电力电缆线路运行严禁有绞拧、压扁、绝缘层断裂和表面严重划痕缺陷，保证具有足够的绝缘强度，电缆线路的运行温度不得超过正常最高允许温度	符合要求得 1 分。发现有缺陷的，在基础分上进行扣分，每项扣 0.2 分，扣完为止	1	
				3. 测量电缆线路绝缘电阻将断路器、用电设备及其他连接电器、仪表断开后才能进行	符合要求得 1 分。发现有缺陷的，在基础分上进行扣分，每项扣 0.2 分，扣完为止	1	
				4.10kV 电缆线路停电超过 1 个星期及以上测其绝缘电阻，合格后才能重新投入运行；停电超过 1 个月以上，必须作直流耐压试验，合格后才能投入运行	符合要求得 1 分。发现有缺陷的，在基础分上进行扣分，每项扣 0.2 分，扣完为止	1	
				5. 0.4kV 低压配电线路不得随意提高线路用电设备的容量。必要时查阅相关技术资料，在符合线路技术参数的条件下才能进行	符合要求得 1 分。发现有缺陷的，在基础分上进行扣分，每项扣 0.2 分，扣完为止。	1	
				6. 更换电力电缆线路符合设计要求，并做好归档记录，以便查阅	符合要求得 1 分。发现有缺陷的，在基础分上进行扣分，每项扣 0.2 分，扣完为止	1	

续表

评价要素			评价指标		评分细则	应得分	实得分
维护	附属设施	照明	1. 监控中心对照明的控制功能完好，各分区手动控制功能有效、可靠		符合要求得 1 分。发现有缺陷的，在基础分上进行扣分，每项扣 0.2 分，扣完为止	1	
			2. 综合管廊内常用照明设备应工作正常，满足安全巡查的要求，亮灯率大于 98%；平均照度不小于 10lx，最小照度不小于 2lx		符合要求得 1 分。发现有缺陷的，在基础分上进行扣分，每项扣 0.2 分，扣完为止	1	
			3. 应急照明供电电源转换功能须完好，照明照度不低于 0.5lx，持续供电时间不小于 30min		符合要求得 1 分。发现有缺陷的，在基础分上进行扣分，每项扣 0.2 分，扣完为止	1	
			4. 安全疏散照明设备必须工作正常，后备电池工作可靠		符合要求得 1 分。发现有缺陷的，在基础分上进行扣分，每项扣 0.2 分，扣完为止	1	
			5. 监控中心、变电室照明工作正常，照度一般不宜小于 300lx，备用应急照明照度不低于正常照明照度的 10%		符合要求得 1 分。发现有缺陷的，在基础分上进行扣分，每项扣 0.2 分，扣完为止	1	
			6. 配电箱及照明灯具可靠接地，接地电阻符合工程设计要求		符合要求得 1 分。发现有缺陷的，在基础分上进行扣分，每项扣 0.2 分，扣完为止	1	
		监控警报	监控中心机房	1. 24 小时值班。每日检查机房内各类设备的工作状态，并按规定填写工作日志	符合要求得 1 分。发现有缺陷的，在基础分上进行扣分，每项扣 0.2 分，扣完为止	1	
				2. 实时监测，有异常情况时能按要求发出声光等报警信号	符合要求得 1 分。发现有缺陷的，在基础分上进行扣分，每项扣 0.2 分，扣完为止	1	
				3. 机房环境整洁，通风散热良好，温度 19 ~ 28℃，相对湿度 40% ~ 70%	符合要求得 1 分。发现有缺陷的，在基础分上进行扣分，每项扣 0.2 分，扣完为止	1	
				4. 公用设施配置齐全、功能完好，满足维护工作需要，消防器材须经检验有效并定置管理	符合要求得 1 分。发现有缺陷的，在基础分上进行扣分，每项扣 0.2 分，扣完为止	1	

续表

评价要素	评价指标				评分细则	应得分	实得分
维护	附属设施	监控警报	监控中心机房	5. 交流供电可靠，电气特性满足监控、通信等系统设备的技术要求	符合要求得 1 分。发现有缺陷的，在基础分上进行扣分，每项扣 0.2 分，扣完为止	1	
				6.UPS 电源性能符合电子设备供电要求，容量和工作时间满足系统运用要求	符合要求得 1 分。发现有缺陷的，在基础分上进行扣分，每项扣 0.2 分，扣完为止	1	
				7. 按相关规范和工程设计文件要求可靠接地	符合要求得 1 分。发现有缺陷的，在基础分上进行扣分，每项扣 0.2 分，扣完为止	1	
				8. 接地电阻 ≤ 1Ω	符合要求得 1 分。发现有缺陷的，在基础分上进行扣分，每项扣 0.2 分，扣完为止	1	
			计算机与网络系统	1. 防火墙、入侵检测、病毒防治等安全措施可靠，网络安全策略有效；使用正版或经评验（验证）的软件；不得运行与工作无关的程序	符合要求得 5 分。发现有缺陷的，在基础分上进行扣分，每项扣 0.5 分，扣完为止	5	
				2. 经授权后方可按有关设计文件、说明书或操作手册要求维护，并予以记录			
				3. 功能完好、工作可靠；CPU 利用率小于 80%，硬盘空间利用率小于 70%，硬盘等备件可用			
				4. 性能良好、工作正常；打印机等外设配置满足使用和管理要求且工作正常			

续表

评价要素	评价指标				评分细则	应得分	实得分
维护	附属设施	监控警报	计算机与网络系统	5. 备份数据的存储应采用只读方式；存储容量满足使用要求，介质的空间利用率宜小于 80%；宜有操作系统和数据库等系统软件的备份；监控计算机的功能、数据存储空间满足使用要求	符合要求得 5 分。发现有缺陷的，在基础分上进行扣分，每项扣 0.5 分，扣完为止	5	
				6. 系统软件的安全级别符合现行国家标准《计算机信息系统 安全保护等级划分准则》GB 17859 的有关规定，管理功能完备			
				7. 符合工程设计要求			
				8. 功能完好、工作可靠；CPU 利用率小于 80%，硬盘空间利用率小于 70%，硬盘等备件可用			
			闭路电视系统	1. 图像质量主观评价按五级损伤制评定，不低于 4 级	符合要求得 6 分。发现有缺陷的，在基础分上进行扣分，每项扣 1 分，扣完为止	6	
				2. 摄像机视距符合工程设计文件要求			
				3. 录像功能正常，图像信息存储时间符合工程设计文件要求			

续表

评价要素	评价指标				评分细则	应得分	实得分
维护	附属设施	监控警报	闭路电视系统	4. 变焦功能正常，摄像机镜头的变焦时间≤ 6.5s	符合要求得 6 分。发现有缺陷的，在基础分上进行扣分，每项扣 1 分，扣完为止	6	
				5. 切换功能正常，保证视频切换正确			
				6. 移动侦测布防功能符合工程设计文件要求			
				7. 摄像机工作正常，防尘、防潮、防振动、防干扰功能有效，安装牢固，附件防腐措施有效，插接件连接良好，线缆无破损老化			
				8. 编解码器工作正常			
				9. 接地电阻符合工程设计要求			
			现场监控设备	1. ACU 箱应安装牢固，外观无锈蚀、变形	符合要求得 5 分。发现有缺陷的，在基础分上进行扣分，每项扣 1 分，扣完为止	5	
				2. PLC 设备工作状态正常，性能和特性应符合综合管廊管理的要求			
				3. 传感器工作正常			
				4. 人孔井盖监控中心对井盖状态监测及开 / 关控制功能完好；开 / 关机械动作顺滑，无明显滞阻；手动开启（逃生）功能完好			

续表

评价要素	评价指标				评分细则	应得分	实得分
维护	附属设施	监控警报	现场监控设备	5. UPS 电源输出特性指标符合 PLC、传输等设备的供电技术要求	符合要求得 5 分。发现有缺陷的，在基础分上进行扣分，每项扣 1 分，扣完为止	5	
				6. 设备接地符合工程设计要求			
				7. 现场状态异常时必须发出报警信号，并自动启动相应程序			
			传输线路	1. 光、电缆及光电缆的接头盒必须在综合管廊内的桥架上绑扎牢固	符合要求得 5 分。发现有缺陷的，在基础分上进行扣分，每项扣 1 分，扣完为止	5	
				2. 光缆全程衰耗应≤“光缆衰减常数 × 实际光缆长度 + 光缆固定接头平均衰减 × 固定接头数 + 光缆活接头衰减 × 活接头数”			
				3. 光缆接头平均衰耗应≤ 0.12dB(双向测，取平均值核对)			
				4. 电缆绝缘 a/b 芯线间及芯线与地间的绝缘电阻应≤ 3000MΩ/km			
				5. 电缆芯线的直流环阻符合设计要求			
				6. 电缆线路不平衡电阻不大于环阻的 1%			

续表

评价要素	评价指标				评分细则	应得分	实得分
维护	附属设施	监控警报	传输线路	7. 防雷接地确保接地可靠	符合要求得 5 分。发现有缺陷的，在基础分上进行扣分，每项扣 1 分，扣完为止	5	
				8. 挂（吊）牌保持标号清晰			
			通信系统	1. 通信系统工作正常，满足监控等系统的业务要求	符合要求得 5 分。发现有缺陷的，在基础分上进行扣分，每项扣 1 分，扣完为止	5	
				2. 网络安全符合工程设计的规定，告警功能完好			
				3. 通话保证通信正常，通话清晰			
				4.IP 地址符合系统运用要求			
				5. 无线基站的发射功率和接收灵敏度符合系统要求			
				6. 基地台、手持台的发射功率和接收灵敏度符合设计要求，天馈系统的驻波比应符合设计要求			
				7. 设备可靠接地，符合设备运用要求			
		标识	各类标识、标牌安装牢固、位置端正、无缺损		符合要求得 1 分。发现有缺陷的，在基础分上进行扣分，每项扣 0.2 分，扣完为止	1	
			每日定期检查				
			选用耐火、防潮、防锈材质				

参考文献

[1] 毛清超 . 浅谈电网故障应急抢修 [J]. 中国高新技术企业，2014（18）：132-133.

[2] 张大虞，周小明，张振强 . 城建档案管理 . 北京：中国建筑工业出版社，2012.

[3] 姜中桥，刘志清，等 . 地下管线档案信息管理 . 北京：中国建筑工业出版社，2006.

[4] 方祥，施永生，杨森，等 . 综合管廊入廊管线分析 [J]. 低温建筑技术，2016，38（10）：137-139.

[5] 邓铭庭 . 净水厂运行技术与安全管理 . 北京：中国建筑工业出版社，2015.

[6] 王繁己，牛思胜，胡江碧，苏书祯 . 高速公路隧道运行管理指南 . 北京：人民交通出版社，2012.

[7] 张季超，庞永师，许勇，等 . 城市地下空间开发建设的管理机制及运营保障制度研究 . 北京：科学出版社，2011.

[8] 袁宝华 . 管生产必须管安全 [J]. 劳动保护，1983（5）：2-3.